面向新工科普通高等教育系列教材

工业以太网现场总线 EtherCAT
驱动程序设计及应用

郇　极　刘艳强　编著

机 械 工 业 出 版 社

EtherCAT 是一种应用于工厂自动化和流程自动化领域的实时工业以太网现场总线协议,已经成为工业通信网络国际标准 IEC 61158 和 IEC 61784 的组成部分。本书内容包括:实时工业以太网技术进展、EtherCAT 系统组成原理、EtherCAT 协议、从站专用集成电路芯片 ET1100 介绍、EtherCAT 从站硬件设计实例、EtherCAT 伺服驱动器控制应用协议 CoE 和 SoE、Windows 操作系统下 EtherCAT 主站驱动程序设计、基于微处理器的 EtherCAT 从站驱动程序设计和开发实例。

　　本书可作为工业自动化类和计算机控制专业教材或教学参考书,亦可作为 EtherCAT 系统开发技术人员的工具书。

图书在版编目(CIP)数据

工业以太网现场总线 EtherCAT 驱动程序设计及应用 /郇极,刘艳强编著. —北京:机械工业出版社,2019.3(2024.1 重印)
面向新工科普通高等教育系列教材
ISBN 978-7-111-63260-3

Ⅰ. ①工… Ⅱ. ①郇… ②刘… Ⅲ. ①工业企业-以太网-总线-程序设计-高等学校-教材 Ⅳ. ①TP393.18

中国版本图书馆 CIP 数据核字(2019)第 147058 号

机械工业出版社(北京市百万庄大街22号　邮政编码 100037)
策划编辑:李文轶　　责任编辑:李文轶
责任校对:张艳霞　　责任印制:郜　敏
北京富资园科技发展有限公司印刷

2024 年 1 月第 1 版·第 4 次印刷
184mm×260mm·14.25 印张·353 千字
标准书号:ISBN 978-7-111-63260-3
定价:45.00 元

电话服务　　　　　　　　　　网络服务
客服电话:010-88361066　　机 工 官 网:www.cmpbook.com
　　　　　010-88379833　　机 工 官 博:weibo.com/cmp1952
　　　　　010-68326294　　金 书 网:www.golden-book.com
封底无防伪标均为盗版　　机工教育服务网:www.cmpedu.com

前　　言

现场总线在连接数字伺服驱动器、传感器以及 PLC 等设备的控制系统中已经获得广泛应用，实时工业以太网（Real Time Ethernet，RTE）是当前现场总线技术的一个重要发展方向。目前，国际上有多种实时工业以太网协议，国际电工委员会（International Electrotechnical Commission，IEC）制定了以下两个与实时工业以太网相关的标准。

（1）IEC 61158：工业通信网络——现场总线规范（Industrial communication networks – Fieldbus specifications）；

（2）IEC 61784：工业通信网络——行规规范（Industrial communication networks – Profiles）。

EtherCAT（Ethernet for Control Automation Technology）是一种基于以太网的实时工业现场总线通信协议和国际标准。它具有高速和高数据有效率（data ratio）的特点，支持多种物理拓扑结构。从站使用专用的从站控制芯片，主站使用标准的以太网通信控制器。

EtherCAT 由德国 BECKHOFF 自动化公司于 2003 年提出，2007 年 12 月成为国际标准，是 IEC 61158 和 IEC 61784 中定义的第 12 种通信协议标准。

虽然国际标准的颁布已有一段时间，国外采用 EtherCAT 技术的自动化设备已经开始进入国内，但国内对 EtherCAT 产品与技术的开发和应用尚处于起步阶段。为了支持 EtherCAT 技术在国内的应用与发展，有必要对其系统原理、协议内容、特别是软/硬件设计方法，进行系统全面的介绍。

本书的章节安排如下：

第 1 章为 EtherCAT 概述，简要介绍实时工业以太网的现状、EtherCAT 特点及其系统组成原理。

第 2 章介绍 EtherCAT 协议，包括系统组成、数据帧结构、报文寻址、通信服务、分布式时钟、通信模式、状态机和通信初始化以及应用层协议等。

第 3 章介绍实现 EtherCAT 数据链路控制的专用集成电路芯片及其基本功能，着重介绍了 BECKHOFF 公司的 ET1100 芯片。

第 4 章介绍 EtherCAT 硬件设计，给出了使用 ET1100 实现的微处理器操作的 EtherCAT 从站和直接 I/O 控制 EtherCAT 从站的硬件设计实例。

第 5 章介绍了 EtherCAT 伺服驱动器控制应用协议，包括 CoE 和 SoE 两种，着重介绍周期性过程数据通信和非周期性数据通信的报文格式。

第 6 章介绍 Windows 操作系统下 EtherCAT 主站驱动程序设计，着重介绍系统初始化和周期性数据传输的 C++程序实现，给出了关键的程序流程图和主要程序源代码。

第 7 章介绍基于微处理器的 EtherCAT 从站驱动程序设计，除了给出基本的程序框架以外，着重介绍 EtherCAT 接口初始化和周期性数据处理的程序实现方法。

本书第 2 章、第 3 章和第 5 章的内容是根据国际标准 IEC 61158、IEC 61784 和德国 BECKHOFF 自动化有限公司的 ET1100 芯片手册等文献进行整理与汇编的，其中根据作者的理解，添加了一些图、表，使内容更清晰、准确。此外，作者还对一些参考文献中性能数据不完全的地方进行分析和测定，对一些说明、术语做了翻译和一致性处理，并设计了本书的章节顺序。本书介绍的硬件设计实例和驱动程序示例是以作者多年开发经验为基础的，其中作者对部分原理图和程序源代码做了必要的组织和整理。本书可作为工业自动化类和计算机控制专业研究生教材或教学参考书，亦可作为 EtherCAT 协议开发技术人员的工具书。

　　在本书的撰写过程中，力求体系合理，概念准确，条理清晰，用词规范。但由于作者水平所限，对于书中疏漏及不妥之处，欢迎广大读者予以批评指正。

作　者

目　　录

第1章 概　述

将计算机网络中的以太网技术应用于工业自动化领域，构成工业控制以太网，简称工业以太网或以太网现场总线，是当前工业控制现场总线技术的一个重要发展方向。与使用传统技术的现场总线相比，以太网现场总线具有以下优点：

- 传输速度快，数据容量大，传输距离长；
- 使用通用以太网元器件，性价比高；
- 可以接入标准以太网网段。

1.1　实时工业以太网概述

实时工业以太网（Real Time Ethernet）是常规以太网技术的延伸，以便满足工业控制领域对实时性数据通信的要求。目前，国际上有多种实时工业以太网协议，国际电工委员会IEC 制定了以下两个与实时工业以太网相关的标准。

1）IEC 61158：工业通信网络——现场总线规范（Industrial communication networks - Fieldbus specifications）。

IEC 61158 是 IEC 制定的现场总线国际标准，1999 年发布了第 1 版，包括 8 种现场总线协议。随着实时以太网技术的发展，IEC 61158 也新增了实时以太网的标准，2007 年 12 月出版的 IEC 61158 第 4 版中包括了 10 种工业以太网协议标准，如表 1-1 所示。其中 Type2 CIP（Common Industry Protocol）包括 DeviceNet、ControlNet 现场总线和 Ethernet/IP 实时工业以太网。

2）IEC 61784：工业通信网络——行规规范（Industrial communication networks - Profiles）。

IEC 61784 是 IEC 制定的与 IEC 61158 中现场总线标准对应的行规规范，其中第一部分 IEC 61784—1 为传统现场总线的应用行规族（Communication Profile Family，CPF），第二部分 IEC 61784—2 为基于 ISO/IEC 8802—3 的实时工业以太网 CPF。表 1-1 中也同时列出了 CPF 与 IEC 61158 中技术名称的对应关系。

表 1-1　IEC 61158 第 4 版现场总线类型

类型编号	技术名称	CPF	支持的组织和公司	分　类
Type 1	TS61158		IEC	现场总线
Type 2	CIP	CPF2	CI（美）、ODVA（美）、Rockwell（美）	DeviceNet、ControlNet 和 Ethernet/IP
Type 3	Profibus	CPF3	PI、SIEMENS（德）	现场总线
Type 4	P-NET	CPF4	Process Data（丹麦）	现场总线
Type 5	FF HSE	CPF1	FF、Fisher-Rosemount（美）	高速以太网

类型编号	技术名称	CPF	支持的组织和公司	分　类
Type 6	Swift Net	CPF7	SHIP STAR、Boeing（美）	被撤销
Type 7	WorldFIP	CPF5	WorldFIP 协会、Alstom（法）	现场总线
Type 8	INTERBUS	CPF6	INTERBUS Club、Pheonix contact（德）	现场总线
Type 9	FF H1	CPF1	FF（美）	现场总线
Type 10	PROFINET	CPF3	PI、SIEMENS（德）	实时以太网
Type 11	TC-net	CPF11	Toshiba（日）	实时以太网
Type 12	EtherCAT	CPF12	ETG、BECKHOFF（德）	实时以太网
Type 13	Ethernet PowerLink	CPF13	EPSG、B&R（奥地利）	实时以太网
Type 14	EPA	CPF14	浙大中控等（中国）	实时以太网
Type 15	Modbus-RTPS	CPF15	MODBUS、IDA（美）	实时以太网
Type 16	SERCOS I、II	CPF16	IGS（德）	现场总线
Type 17	VNET/IP	CPF10	Yokogawa（日）	实时以太网
Type 18	CC-Link	CPF8	三菱（日）	现场总线
Type 19	SERCOS III	CPF16	IGS（德）	实时以太网
Type 20	HART	CPF9	HART 通信基金会（美）	现场总线

以太网的介质访问控制（Media Access Control，MAC）方式采用带有冲突检测的载波侦听多路访问机制（Carrier Sense Multiple Access with Collision Detection，CSMA/CD），这是一种非确定性的介质访问控制方式，不能满足对工业现场总线的实时性要求。目前，市场上已有的实时工业以太网根据不同的实时性和成本要求使用不同的实现原理，大致可以分为以下三种类型，如图 1-1 所示。

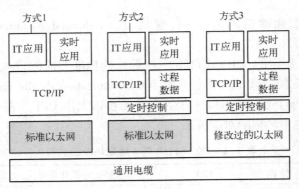

图 1-1　以太网通信模型

1）基于 TCP/IP 的实现，如图 1-1 中方式 1。

协议仍使用 TCP/IP 协议栈，通过上层合理的控制来应对通信中非确定性因素。此时，实时网络可以与商用网络自由通信。常用的通信控制手段有：合理调度，减少冲突的可能性；定义数据帧的优先级，为实时数据分配最高的优先级；使用交换式以太网等。使用这种方式的典型协议有 Modbus/TCP、Ethernet/IP 等。但这种方式不能实现优良的实时性，只适用于对实时性要求不高的过程自动化应用。

2）基于以太网的实现，如图 1-1 中方式 2。

方式 2 仍然使用标准的、未修改的以太网通信硬件，但是不使用 TCP/IP 来传输过程数据。引入了一种专门的过程数据传输协议，使用特定以太类型的以太网帧传输。TCP/IP 协议栈可以通过一个时间控制层分配一定的时间片来使用以太网资源。典型协议有 Ethernet Powerlink、EPA（Ethernet for Plant Automation）、PROFINet RT 等。这种方式可以实现较好的实时性。

3）修改以太网的实现，如图 1-1 中方式 3。

为了获得响应时间小于 1 ms 的硬实时，对以太网协议进行了修改。从站由专门的硬件实现。在实时通道内采用实时 MAC 方式以接管现有的通信控制方式，彻底避免报文冲突，简化通信数据的处理。非实时数据仍然可以在开放通道内按照原来的协议传输。典型协议有 EtherCAT、SERCOS-III、PROFINet IRT 等。

1.2 EtherCAT 协议概述

EtherCAT 是由德国 BECKHOFF 自动化公司于 2003 年提出的实时工业以太网技术。它具有高速和高数据、有效率的特点，支持多种设备连接的拓扑结构。从站节点使用专用的控制芯片，主站使用标准的以太网控制器。

EtherCAT 的主要特点如下：

1）适用广泛：任何带商用以太网控制器的控制单元都可作为 EtherCAT 主站，从小型的 16 位处理器到使用 3 GHz 处理器的 PC 系统，任何计算机都可以组成 EtherCAT 控制系统。

2）完全符合以太网标准：EtherCAT 可以与其他以太网设备及协议并存于同一总线，以太网交换机等标准结构组件可以用于 EtherCAT。

3）无需从属子网：复杂的节点或只有 2 位的 I/O 节点都可以用作 EtherCAT 从站。

4）高效率：最大化利用以太网带宽进行用户数据的传输。

5）刷新周期短：可以达到小于 100 μs 的数据刷新周期，可以用于伺服技术中底层的闭环控制。

6）同步性能好：各从站节点设备可以达到小于 1 μs 的时钟同步精度。

目前，EtherCAT 已经被纳入多种国际相关标准，并成为多个国家的国家标准，举例如下：

1）IEC 61158 中的 Type12；

2）IEC 61784 中的 CPF12（通信行规集 12）；

3）IEC 61800 中，EtherCAT 支持 CANopen DS402 和 SERCOS；

4）ISO 15745 中，EtherCAT 支持 DS301；

5）GB/T 31230.1~.6-2014《工业以太网现场总线 EtherCAT》，中国国家标准；

6）KSC 61158 中的 Type12，韩国国家标准。

EtherCAT 支持多种设备连接拓扑结构：线形、树形或星形结构，可以选用的物理介质有 100Base-TX 标准以太网电缆或光缆。使用 100Base-TX 电缆时站间距离可以达到 100 m。整个网络最多可以连接 65535 个设备。使用快速以太网全双工通信技术，构成主从式的环形结构，如图 1-2 所示。

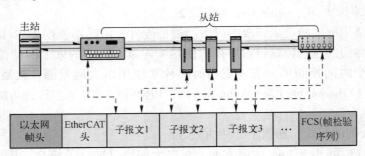

图 1-2　EtherCAT 运行原理

从以太网的角度看，一个 EtherCAT 网段可被简单地看作一个独立的以太网设备。该"设备"接收并发送以太网报文。然而，这个"设备"并没有以太网控制器及相应的微处理器，而是由多个 EtherCAT 从站组成。这些从站可直接处理接收的报文，并从报文中提取或插入相关的用户数据，然后将该报文传输到下一个 EtherCAT 从站。最后一个 EtherCAT 从站发回经过完全处理的报文，然后作为响应报文由第一个从站发送给控制单元。这个过程利用了以太网设备能够独立处理双向传输（Tx 和 Rx）的特点，并运行在全双工模式下，发出的报文又通过 Rx 线返回到控制单元。

报文经过从站节点时，从站识别出相关的命令并做出相应的处理。信息的处理在硬件中完成，延迟时间约为 100~500 ns（取决于物理层器件），通信性能与从站设备控制微处理器的响应时间是相互独立的。每个从站设备有最大容量为 64 KB 的可编址内存，可完成连续的或同步的读/写操作。多个 EtherCAT 命令数据可以被嵌入到一个以太网报文中，每个数据对应独立的设备或内存区。

从站设备可以构成多种形式的分支结构，独立的设备分支可以放置于控制柜中或机器模块中，再用主线连接这些分支结构。

EtherCAT 大大提高了现场总线的性能，例如，控制 1000 个开关量输入和输出的刷新时间约为 30 μs。单个以太网帧最多可容纳 1486 B 的过程数据，相当于 12000 位数字开关量的输入和输出，刷新时间约为 300 μs。控制 100 个伺服电动机的数据通信周期约为 100 μs。

EtherCAT 使用一个专门的以太网数据帧类型定义，用以太网数据帧传输 EtherCAT 数据包，也可以使用 UDP/IP 协议格式传输 EtherCAT 数据包。一个 EtherCAT 数据包可以由多个 EtherCAT 子报文组成，如图 1-2 所示。EtherCAT 从站不处理非 EtherCAT 数据帧，其他类型的以太网应用数据可以被分段打包为 EtherCAT 数据子报文在网段内透明传输，以实现相应的通信服务。

第2章 EtherCAT 协议

2.1 EtherCAT 系统组成

EtherCAT 是一种实时工业以太网技术，它充分利用了以太网的全双工特性。使用主从模式介质访问控制（MAC），主站发送以太网帧给各从站，从站从数据帧中抽取数据或将数据插入数据帧。主站使用标准的以太网接口卡，从站使用专门的 EtherCAT 从站控制器（EtherCAT Slave Controller，ESC）。EtherCAT 物理层使用标准的以太网物理层器件。

从以太网的角度来看，一个 EtherCAT 网段就是一个以太网设备，它接收和发送标准的 ISO/IEC 8802—3 以太网数据帧。但是，这种以太网设备并不局限于一个以太网控制器及相应的微处理器，它可由多个 EtherCAT 从站组成，如图 2-1 所示。这些从站可以直接处理接收的报文，并从报文中提取或插入相关的用户数据，然后将该报文传输到下一个 EtherCAT 从站。最后一个 EtherCAT 从站发回经过完全处理的报文，并将其作为响应报文由第一个从站发送给控制单元。

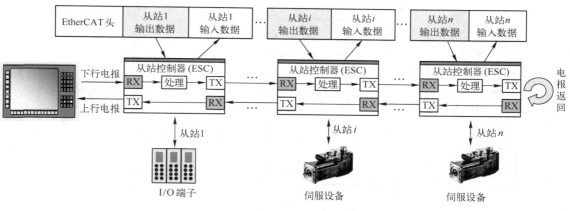

图 2-1 EtherCAT 运行原理

2.1.1 EtherCAT 主站组成

EtherCAT 主站使用标准的以太网控制器，传输介质通常使用 100BASE-TX 规范的 5 类非屏蔽双绞线（UTP，Unshielded Twisted Pair）线缆，如图 2-2 所示。通信控制器完成以太网数据链路的介质访问控制（Media Access Control Twisted Pair，MAC）功能，物理层（PHY）芯片实现数据的编码、译码和收发，它们之间通过一个 MII（Media Independent Ineterface，介质无关接口）接口交互数据。MII 是标准的以太网物理层接口，定义了与传输介质无关的标准电气和机械接口，使用这个接口将以太网数据链路层和物理层完全隔离开，使以太网可以方便地选用任何传输介质。隔离变压器实现信号隔离，提高通信的可靠性。

5

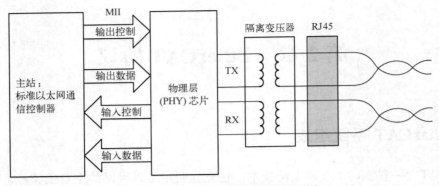

图 2-2　EtherCAT 物理层连接原理图

在基于 PC 的主站中，通常使用网络接口卡（Network Interface Card，NIC），其中的网卡芯片集成了以太网通信控制器和物理数据收发器。而在嵌入式主站中，通信控制器通常被嵌入到微处理器中。

2.1.2　EtherCAT 从站组成

EtherCAT 从站设备同时实现通信和控制应用两部分功能，结构如图 2-3 所示，由以下 4 部分组成。

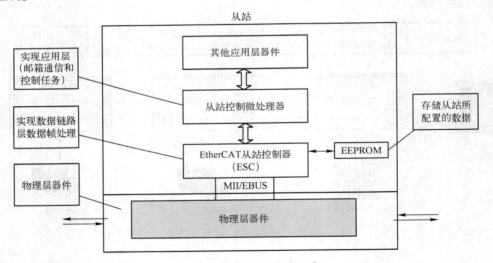

图 2-3　EtherCAT 从站组成

（1）EtherCAT 从站控制器

EtherCAT 从站通信控制器负责处理 EtherCAT 数据帧，并使用双端口存储区实现 EtherCAT 主站和从站本地应用的数据交换。各个 ESC 按照各自在环路上的物理位置顺序移位对数据帧进行读/写处理。在报文经过从站时，ESC 从报文中提取发送给自己的输出命令数据，将其存储到内部存储区，并将输入数据从内部存储区写到相应的子报文中。数据的提取和插入都是由数据链路层硬件完成的。

ESC 具有 4 个数据收发端口，每个端口都可以收发以太网数据帧。数据帧在 ESC 内部的传输顺序是固定的，如图 2-4 所示。通常，数据从端口 0 进入 ESC，然后按照端口 3→端口 1→端口 2→端口 0 的顺序依次传输。如果 ESC 检测到某个端口没有外部链接，则自动闭合此端口，将自动数据回环并转发到下一端口。一个 EtherCAT 从站设备至少使用两个数据端口，使用多个数据端口可以构成多种物理拓扑结构。

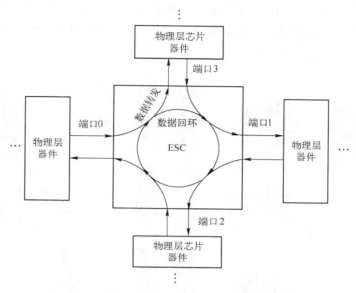

图 2-4　ESC 数据传输顺序

ESC 使用两种物理层接口模式：MII 和 EBUS。MII 是标准的以太网物理层接口，使用外部物理层芯片，一个端口的传输延时约为 500 ns。EBUS 是德国 BECKHOFF 公司使用 LVDS（Low Voltage Differential Signaling）标准定义的数据传输标准，可以直接连接 ESC 芯片，不需要额外的物理层芯片，从而避免了物理层的附加传输延时，一个端口的传输延时约为 100 ns。EBUS 最大传输距离为 10 m，适用于距离较近的 I/O 设备或伺服驱动器之间的连接。

（2）从站控制微处理器

从站控制微处理器负责处理 EtherCAT 通信和完成控制任务。微处理器从 ESC 读取控制数据，实现设备控制功能，并对设备的反馈数据进行采样，并将其写入 ESC 后，由主站读取。通信过程完全由 ESC 处理，与设备控制微处理器响应时间无关。从站控制微处理器性能选择取决于设备控制任务，可以使用 8 bit、16 bit 的单片机及 32 bit 的高性能处理器。

（3）物理层器件

从站使用 MII 接口时，需要使用物理层（PHY）芯片和隔离变压器等标准以太网物理层器件。使用 EBUS 时不需要其他任何芯片。

（4）其他应用层器件

针对控制对象和任务需要，微处理器可以连接其他控制器件。

2.1.3　EtherCAT 物理拓扑结构

在逻辑上，EtherCAT 网段内从站设备的布置构成一个开口的环形总线。在开口的一端，主站设备直接或者通过标准以太网交换机传入以太网数据帧，并在另一端接收经过处理的数据帧。所有的数据帧都被从第一个从站设备转发到后续的节点。最后一个从站设备将数据帧返回到主站。

EtherCAT 从站的数据帧处理机制允许在 EtherCAT 网段内的任一位置使用分支结构，同时不打破逻辑环路。分支结构可以构成各种物理拓扑，如线形、树形、星形、菊花链形，以及各种拓扑结构的组合，从而使设备连接和布线非常灵活方便。EtherCAT 线形拓扑结构如图 2-5 所示，主站发出数据帧后的传输顺序如图 2-5 中的数字标号所示。图中从站 8 使用了 ESC 的 4 个端口，构成星形拓扑。

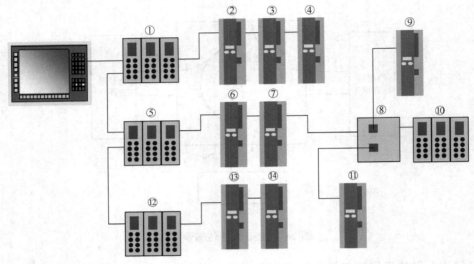

图 2-5　EtherCAT 线形拓扑结构

2.2　EtherCAT 数据帧结构

EtherCAT 数据通过以太网数据帧的形式传输，数据帧中使用帧的类型为 0x88A4。Ether-CAT 数据包括 2 B 的数据头和 44 ~ 1498 B 的数据。数据区由一个或多个 EtherCAT 子报文组成，如图 2-6 所示，每个子报文对应独立的设备或从站存储区域。表 2-1 给出了 EtherCAT 数据帧结构定义。

表 2-1　EtherCAT 帧结构定义

名　称	含　义
目的地址	接收方 MAC 地址
源地址	发送方 MAC 地址
帧类型	0x88A4
EtherCAT 头：长度	EtherCAT 数据区长度，即所有子报文长度总和
EtherCAT 头：类型	1 表示与从站通信，其余数据保留
FCS（Frame Check Sequence）	帧校验序列

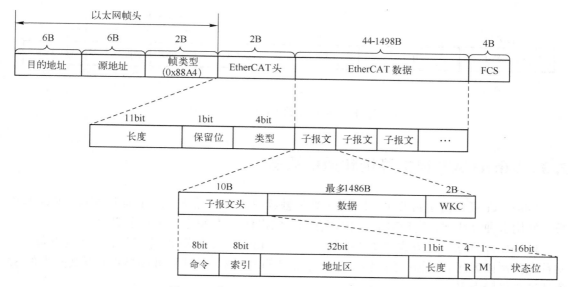

图 2-6 将 EtherCAT 报文嵌入以太网数据帧

每个 EtherCAT 子报文包括子报文头、数据域和相应的工作计数器（Working Counter，WKC）。WKC 记录了子报文被从站操作的次数。主站为每个通信服务子报文设置预期的 WKC，发送子报文中的 WKC 的值为 0。子报文被从站正确处理后，WKC 的值将增加一个增量，主站比较返回子报文中的 WKC 和预期 WKC 来判断子报文是否被正确处理。WKC 由 ESC 在处理数据帧的时候处理，不同的通信服务下 WKC 的增加方式不同。表 2-2 给出了 EtherCAT 子报文的结构定义。

表 2-2　EtherCAT 子报文结构定义

名　　称	含　　义
命令	寻址方式及读/写方式
索引	帧编码
地址区	从站地址
长度	报文数据区长度
R	保留位
M	后续报文标志
状态位	中断到来标志
数据区	子报文数据结构（用户定义）
WKC	工作计数器

也可以使用 UDP/IP（用户数据报协议/网络协议）格式传输 EtherCAT 数据，使用 UDP 端口 0x88A4，如图 2-7 所示。

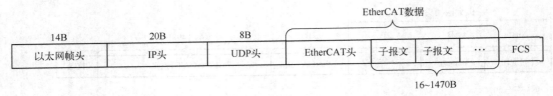

图 2-7 将 EtherCAT 数据帧嵌入 UDP 数据帧

2.3 EtherCAT 报文寻址和通信服务

EtherCAT 通信由主站发送 EtherCAT 数据帧读/写从站设备的内部存储区实现，EtherCAT 报文使用多种寻址方式实现对 ESC 内部存储区的操作，从而完成多种通信服务。

EtherCAT 网络寻址方式如图 2-8 所示。一个 EtherCAT 网段相当于一个以太网设备，主站首先使用以太网数据帧头的 MAC 地址寻址到网段，然后使用 EtherCAT 子报文头中的 32 位地址完成段内寻址。

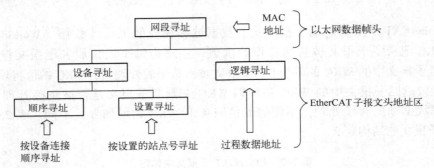

图 2-8 EtherCAT 网络寻址模式

段内寻址可以使用两种方式：设备寻址和逻辑寻址。设备寻址针对某一个从站进行读/写操作。逻辑寻址面向过程数据，可以实现多播，同一个子报文可以读/写多个从站设备。支持所有寻址模式的从站称为完整型从站，只支持部分寻址模式的从站称为基本从站。

2.3.1 EtherCAT 网段寻址

根据 EtherCAT 主站和 EtherCAT 网段的连接方式不同，可以使用两种方式寻址网段。

1）直连模式：将一个 EtherCAT 网段直接连到主站设备的标准以太网端口，如图 2-9 所示。此时，主站使用广播 MAC 地址的形式，EtherCAT 数据帧如图 2-10 所示。

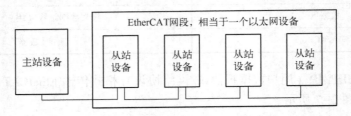

图 2-9 直连模式中的 EtherCAT 网段

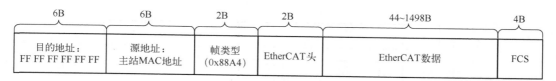

图 2-10   直连模式下 EtherCAT 数据帧

2）开放模式：将 EtherCAT 网段连接到一个标准以太网交换机上，如图 2-11 所示。此时，一个网段需要一个 MAC 地址，主站发送的 EtherCAT 数据帧中的目的地址是它所控制网段的 MAC 地址，开放模式下 EtherCAT 数据帧如图 2-12 所示。

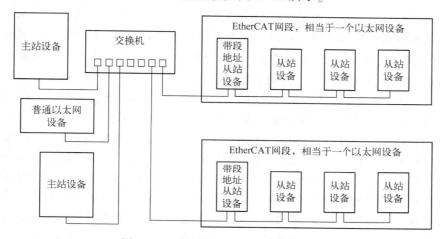

图 2-11   开放模式中的 EtherCAT 网段

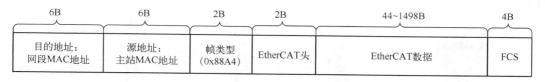

图 2-12   开放模式下 EtherCAT 数据帧

EtherCAT 网段内的第一个从站设备有一个 ISO/IEC 8802.3 的 MAC 地址，这个地址表示了整个网段。这个段地址从站能够交换以太网帧中的目的地址区和源地址区。如果 EtherCAT 数据帧通过 UDP 传送，这个设备也会交换源和目的 IP 地址、源和目的 UDP 端口号，使响应的数据帧完全满足 UDP/IP 标准。

2.3.2   设备寻址

在设备寻址时，EtherCAT 子报文头内的 32 b 地址分为 16 b 从站设备地址和 16 b 从站设备内部物理存储空间地址（也叫从站内存偏移地址），如图 2-13 所示。16 b 从站设备地址可以寻址 65535 个从站设备，每个设备内最多可以有 64 KB 的本地地址空间。

设备寻址时，每个报文所寻址的从站设备是唯一的。有两种不同的设备寻址机制，如下所示。

图 2-13 EtherCAT 设备寻址结构

（1）顺序寻址

顺序寻址时，从站的地址由其在网段内的连接位置确定，用一个负数来表示每个从站在网段内由接线顺序所决定的位置。顺序寻址中子报文在经过每个从站设备时，其位置地址值加 1；从站在接收报文时，地址为 0 的报文就是寻址自己的报文。由于这种机制在报文经过时更新设备地址，所以又被称为"自动增量寻址"。

如图 2-14 中，网段中有 3 个从站设备，其顺序寻址的地址分别为 0、-1 和-2。主站使用顺序寻址方式访问从站时子报文中的地址变化如图 2-15 所示。主站发出 3 个子报文分别寻址 3 个从站，其中的地址分别是 0、-1 和-2，如图 2-15 中的数据帧 1。数据帧到达从站①时，从站①检查到子报文 1 中的地址为 0，从而得知子报文 1 就是寻址自己的报文。数据帧经过从站①后，所有的顺序地址都增加 1，成为 1、0 和-1，如图 2-15 中的数据帧 2。到达从站②时，从站②发现子报文 2 中的顺序地址为 0，即为寻址到自己的报文。同理，从站②也将所有子报文的顺序地址加 1，如图 2-15 中的数据帧 3。数据帧到达从站③时，子报文 3 中的顺序地址为 0，即为寻址从站③的报文。经过从站③处理后，数据帧如图 2-15 中的数据帧 4。

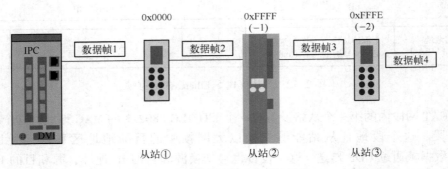

图 2-14　顺序寻址时的从站地址

在实际应用中，顺序寻址主要用于启动阶段，主站配置站点地址给各个从站。此后，可以使用与物理位置无关的站点地址来寻址从站。这种寻址机制能自动为从站设定地址。

（2）设置寻址

设置寻址时，从站的地址与其在网段内的连接顺序无关。设置寻址时的从站地址和报文结构如图 2-16 所示，地址可以由主站在数据链路启动阶段配置给从站，也可以由从站在上电初始化的时候从自身的数据配置存储区装载，然后由主站在链路启动阶段使用顺序寻址方式读取各个从站的设置地址，并在后续运行中使用。

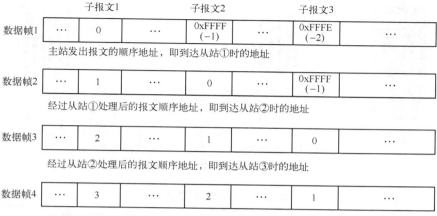

图 2-15　顺序寻址时的子报文地址变化

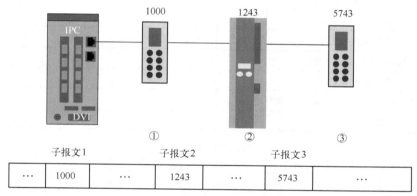

主站发出子报文，使用设置地址

图 2-16　设置寻址时的从站地址和报文结构

2.3.3　逻辑寻址和 FMMU

逻辑寻址时，从站地址并不是单独定义的，而是使用寻址段内 4 GB（2^{32}）逻辑地址空间中的一段区域。报文内的 32 b 地址区作为整体的数据逻辑地址完成设备的逻辑寻址。

逻辑寻址方式由现场总线内存管理单元（Fieldbus Memory Management Unit，FMMU）实现，FMMU 功能位于每一个 ESC 内部，将从站的本地物理存储地址映射到网段内的逻辑地址，FMMU 运行原理如图 2-17 所示。

FMMU 由主站设备来配置，并在数据链路启动过程中传送给从站设备。每个 FMMU 需要以下配置信息：数据逻辑起始地址、从站物理内存起始地址、数据长度、表示映射方向（输入或输出）的类型位，从站设备内的所有数据都可以按位映射到主站逻辑地址。表 2-3 和图 2-18 是一个映射实例，将主站控制变量区 0x00014711 中从第 3 位开始的 6 位数据映射到由设备地址 0x0F01 中第 1 位开始的 6 位数据写操作。0x0F01 是一个开关量输出设备。

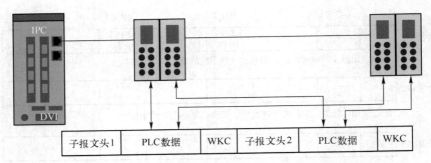

图 2-17 现场总线内存管理单元（FMMU）运行原理

表 2-3 FMMU 配置示例

FMMU 配置寄存器	数　值
数据逻辑起始地址	0x00014711
数据长度（字节数，按跨字节计算）	2
数据逻辑起始位	3
数据逻辑终止位	0
从站物理内存起始地址	0x0F01
物理内存起始位	1
操作类型（1：只读，2：只写，3：读写）	2
激活（使能）	1

数据逻辑地址空间

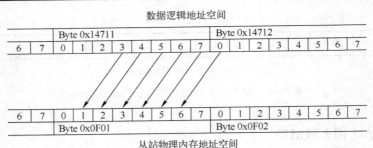

从站物理内存地址空间

图 2-18 FMMU 映射举例

从站设备收到一个数据逻辑寻址的 EtherCAT 子报文时，检查是否有 FMMU 地址匹配。如果有，它将输入类型数据插入到 EtherCAT 子报文数据区的对应位置，以及从 EtherCAT 子报文数据区的对应位置提取输出类型数据。使用逻辑寻址可以灵活地组织控制系统，优化系统结构。逻辑寻址方式特别适用于传输或交换周期性过程数据。FMMU 操作具有以下功能特点：

- 每个数据逻辑地址字节只允许被一个 FMMU 读和被另一个 FMMU 写操作，或被同一个 FMMU 读/写交换（读取并马上写入）操作；
- 对一个逻辑地址的读/写操作与使用一个 FMMU 读以及使用另一个 FMMU 写操作具有相同的结果；
- 按位读/写操作不影响报文中没有被映射到的其他位，因此允许将几个从站 ESC 中的位数据映射到主站的同一个逻辑字节；

- 读/写一个未配置的逻辑地址空间不会改变其内容。

2.3.4 通信服务和 WKC

EtherCAT 子报文所有的服务都是以主站操作描述的。数据链路层规定了对从站物理内存进行读、写和交换（读取并马上写入）数据的服务。读/写操作和寻址方式共同决定了子报文的通信服务类型，由子报文头中的命令字节表示。EtherCAT 支持的所有命令如表 2-4 所示。

表 2-4　EtherCAT 通信服务命令

寻址方式	读/写模式	命令名称（编号）	解　　释	WKC
空指令		NOP（0）	没有操作	0
顺序寻址	读数据	APRD（1）	主站使用顺序寻址在从站读取一定长度数据	1
	写数据	APWR（2）	主站使用顺序寻址向从站写入一定长度数据	1
	交换	APRW（3）	主站使用顺序寻址与从站交换数据	3
设置寻址	读数据	FPRD（4）	主站使用设置寻址在从站读取一定长度数据	1
	写数据	FPWR（5）	主站使用设置寻址向从站写入一定长度数据	1
	交换	FPRW（6）	主站使用设置寻址与从站交换数据	3
广播寻址	读数据	BRD（7）	主站从所有从站的物理地址读数据并做逻辑或操作	与所寻址从站的个数相关
	写数据	BWR（8）	主站广播写入所有从站	
	交换	BRW（9）	与所有从站交换数据，对读取的数据做逻辑或操作	
逻辑寻址	读数据	LRD（10）	使用逻辑寻址在从站读取一定长度数据	
	写数据	LWR（11）	使用逻辑寻址向从站写入一定长度数据	
	交换	LRW（12）	使用逻辑寻址与从站交换数据	
顺序寻址	读，多重写	ARMW（13）	由从站读取数据，并写入后所有从站的地址相同	
设置寻址		FRMW（14）		

主站接收到返回的数据帧后，检查子报文中的 WKC，如果不等于预期值，则表示此子报文没有被正确处理。子报文中 WKC 预期值与通信服务类型和寻址地址相关。子报文经过某一个从站时，如果是单独的读或写操作，WKC 值加 1。如果是读/写操作，读成功时 WKC 值加 1，写成功时 WKC 值加 2，读写全部完成时 WKC 值加 3。子报文由多个从站处理时，WKC 值是各个从站处理结果的累加。

2.4 分布时钟

分布时钟（Distributed Clock，DC）可以使所有 EtherCAT 设备使用相同的系统时间，从而控制各设备任务的同步执行。从站设备可以根据同步的系统时间产生同步信号，用于中断控制或触发数字量输入/输出。支持分布式时钟的从站称为 DC 从站。分布时钟具有以下主要功能：

- 实现从站之间时钟同步；
- 为主站提供同步时钟；
- 产生同步的输出信号；
- 为输入事件产生精确的时间标记；
- 产生同步的中断；
- 同步更新数字量输出；
- 同步采样数字量输入。

2.4.1 分布时钟描述

分布时钟机制使所有的从站都同步于一个参考时钟。主站连接的第一个具有分布时钟功能的从站的时钟作为参考时钟，以参考时钟来同步其他设备和主站的从时钟。为了实现精确的时钟同步控制，必须测量和计算数据传输延时和本地时钟初始偏移量，并补偿本地时钟源的漂移。同步时钟所涉及的时间概念有如下 6 个。

（1）系统时间

系统时间是分布时钟使用的系统计时。系统时间从 2000 年 1 月 1 日零点开始，使用 64 bit 二进制变量表示，单位为纳秒（ns），最大可以计时 500 年。也可以使用 32 bit 二进制变量表示，其时间值最大可以是 4.2 s，通常用于通信和时间标记。

（2）参考时钟和从时钟

EtherCAT 协议规定主站连接的第一个具有分布时钟功能的从站的时钟作为参考时钟，其他从站的时钟称为从时钟。参考时钟用于同步其他从站设备的从时钟和主站时钟。参考时钟也可以根据控制系统的"全局"参考时钟进行调整，比如 IEEE 1588 主时钟。参考时钟提供 EtherCAT 系统时间。

（3）主站时钟

EtherCAT 主站也具有计时功能，称为主站时钟。主站时钟可以在分布时钟系统中作为从时钟被同步。在初始化阶段，主站可以按照系统时间的格式发送主站时间给参考时钟从站，使分布时钟使用系统时间计时。

（4）本地时钟及其初始偏移量和时钟漂移

每一个 DC 从站都有本地时钟，本地时钟独立运行，使用本地时钟信号计时。系统上电时，各从站的本地时钟和参考时钟之间有一定的差值，称为时钟初始偏移量。在运行过程中，由于参考时钟和 DC 从站时钟使用各自的时钟源等原因，它们的计时周期存在一定的漂移，将导致时钟运行不同步而使本地时钟产生漂移。因此，必须对时钟偏移和时钟漂移都进行补偿。

（5）本地系统时间

每个 DC 从站的本地时钟经过补偿和同步之后都产生本地系统时间，分布时钟同步机制就是使各个从站的本地系统时间保持一致。参考时钟也是与从站的本地系统时钟对应。

（6）传输延时

数据帧在从站之间传输时会产生一定的延迟，其中包括设备内部和物理连接的延迟。所以在同步从时钟时，应该考虑参考时钟与各个从时钟之间的传输延时。

各时间量的定义如表 2-5 所示。

表 2-5　分布时钟系统时间量定义

符　　号	描　　述
$t_{\text{sys\_ref}}$	参考时钟时间，作为系统时间
$t_{\text{local}}(n)$	各从站本地时钟的时间，独立运行
$t_{\text{sys\_local}}(n)$	各从站本地系统时间，同步后应该等于 $t_{\text{sys\_ref}}$
$T_{\text{offset}}(n)$	从时钟和参考时钟之间的初始偏移量
$T_{\text{delay}}(n)$	参考时钟到各从时钟之间的传输延时

2.4.2　传输延时和时钟初始偏移量的测量

分布时钟初始化时，首先测量参考时钟到其他所有从时钟之间的传输延时，将其写入各从站；并计算所得从时钟与参考时钟之间的偏移量，将其写入从时钟站。

测量原理如图 2-19 所示。横坐标为参考时钟时间 $t_{\text{sys\_ref}}$，纵坐标为某一个从时钟的本地时间 $t_{\text{local}}(n)$，假设 $t_{\text{local}}(n)>t_{\text{sys\_ref}}$，它们的关系由下式确定：

$$t_{\text{local}}(n) = t_{\text{sys\_ref}}+T_{\text{offset}}(n) \qquad (2-1)$$

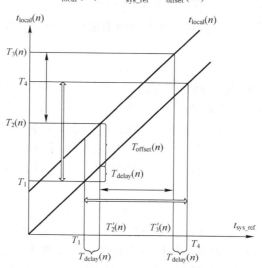

图 2-19　传输延时和时钟初始偏移量的测量原理

传输延时和时钟初始偏移量的测量和计算步骤如下：

1）主站发送一个广播写命令数据帧，数据帧到达每个从站后每个从站设备分别保存每个端口接收到以太网数据帧中前导符（Start of Frame，SoF）第一位的时刻。根据图 2-19，数据帧到达参考时钟从站时 $t_{\mathrm{sys\_ref}}$ 为 T_1 时刻，到达从站 n 时本地时钟 $t_{\mathrm{local}}(n)$ 为 $T_2(n)$ 时刻，可以建立以下关系：

$$T_2(n) - T_1 = T_{\mathrm{offset}}(n) + T_{\mathrm{delay}}(n) \tag{2-2}$$

整理后成为：

$$T_{\mathrm{offset}}(n) = T_2(n) - T_1 - T_{\mathrm{delay}}(n) \tag{2-3}$$

2）数据帧经过所有的从站后返回时，到达从站 n 时本地时钟 $t_{\mathrm{local}}(n)$ 为 $T_3(n)$ 时刻，到达参考时钟从站时 $t_{\mathrm{sys\_ref}}$ 为 T_4 时刻；

3）假设线缆延时均匀，并且所有从站设备的处理和转发延时都一样，根据图 2-19 中的几何关系，从站 n 到参考时钟的传输延时可以由下式计算：

$$\begin{aligned} T_{\mathrm{delay}}(n) &= \left\{ (T_4 - T_1) - \left[T_3'(n) - T_2'(n) \right] \right\} / 2 \\ &= \left\{ (T_4 - T_1) - \left[T_3(n) - T_2(n) \right] \right\} / 2 \end{aligned} \tag{2-4}$$

主站读取从站保存的时间值，使用式（2-4）计算各个从站的传输延时 $T_{\mathrm{delay}}(n)$，并将其写入到各个从站中；为了得到准确的传输延时，主站可以多次测量，然后求平均值；在初始化后的运行中也可以随时测量传输延时，以补偿环境变化对传输延时的影响；

4）主站由式（2-3）计算出初始偏移量 $T_{\mathrm{offset}}(n)$，并将其写入各个从站。初始偏移量用于对从时钟的粗略同步，只需要测量一次。

2.4.3 时钟同步

每个设备的本地时钟是自由运行的，相对参考时钟会产生漂移。为了使所有设备都以相同的绝对系统时间运行，主站计算参考时钟与每个从时钟之间的偏移量 $T_{\mathrm{offset}}(n)$，并写入从站，以便计算从时钟的本地系统时间。利用 $T_{\mathrm{offset}}(n)$ 可以在不改变自由运行的本地时钟的情况下实现时钟同步。每个 DC 从站使用自己的本地时间 $t_{\mathrm{local}}(n)$ 和本地偏移量 $T_{\mathrm{offset}}(n)$ 通过式（2-5）计算它的本地系统时间副本。这个时间用来作为同步信号和锁存信号的时间标记，供从站微处理器使用。

$$t_{\mathrm{sys\_local}}(n) = t_{\mathrm{local}}(n) - T_{\mathrm{offset}}(n) \tag{2-5}$$

在测得传输延时和时钟初始偏移量之后，主站开始同步各从站的时钟。主站使用 ARMW 或 FRMW 命令发送数据报文，从参考时钟从站读取它的当前系统时间 $t_{\mathrm{sys\_ref}}$ 并将其写入从时钟的从站设备中。每个从时钟的时间控制环在数据帧中 SoF 到达时锁存本地时钟对应的时间 $t_{\mathrm{local}}(n)$，根据式（2-5）计算得到本地系统时间 $t_{\mathrm{sys\_local}}(n)$。根据接收到的参考时钟系统时间 $t_{\mathrm{sys\_ref}}$，并利用本地保存的传输延时 $T_{\mathrm{delay}}(n)$，可计算得到本地时钟漂移量 Δt：

$$\begin{aligned} \Delta t &= t_{\mathrm{sys\_local}}(n) - T_{\mathrm{delay}}(n) - t_{\mathrm{sys\_ref}} \\ &= t_{\mathrm{local}}(n) - T_{\mathrm{offset}}(n) - T_{\mathrm{delay}}(n) - t_{\mathrm{sys\_ref}} \end{aligned} \tag{2-6}$$

如果 Δt 是正数，表示本地时钟运行比参考时钟快，必须减慢运行。如果 Δt 是负数，表示本地时钟运行比参考时钟慢，必须加快运行。时间控制环路调整本地时钟的运行速度。正常情况下，ESC 控制本地时间是每 10 ns 增加 10 个单位。当 $\Delta t > 0$ 时，则每 10 ns 增加 9 个单位，当 $\Delta t < 0$ 时，则增加 11 个单位，实现时钟漂移补偿。分布时钟同步原理如图 2-20 所示。

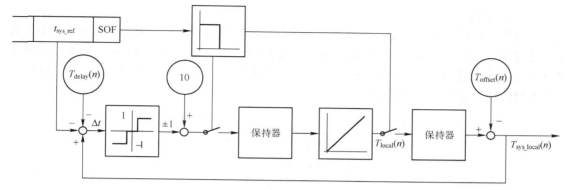

图 2-20　分布时钟同步原理

为了快速补偿时钟的初始偏差，主站应该在测量传输延时和偏移补偿之后在独立的数据帧中连续发送很多 ARMW/FRMW 报文，使从站时钟同步，完成分布式时钟初始化。随后，在周期性运行阶段，可以随着过程数据周期性地发送 ARMW/FRMW 命令以读取参考时钟系统时间，将其写入到其他 DC 从站，实时补偿动态时钟漂移。发送时钟同步数据帧的周期时间必须满足从时钟的漂移量小于控制应用所规定的漂移量的限制。

根据对分布时钟的支持情况，从站可以分为三种类型：

（1）完全支持分布时钟

具有接收时间标记和系统时间功能，根据应用要求产生同步信号或锁存信号的时间标记。

（2）从站只支持传输延时的测量

3 个端口以上的从站设备必须支持传输延时的测量，需要本地时钟和锁存数据帧到达时刻功能。

（3）从站不支持分布时钟

只有两个端口的从站可以不支持分布时钟。它们的处理和转发延时被周围的支持分布时钟的从站作为线缆延迟处理。

2.5　通信模式

在实际自动化控制系统中，应用程序之间通常有两种数据交换形式：时间关键（time-critical）和非时间关键（non-time-critical）。"时间关键"表示特定的动作必须在确定的时间窗口内完成。如果不能在要求的时间窗口内完成通信，则有可能引起控制失效。时间关键数据通常是周期性发送，这种通信方式称为周期性过程数据通信。非时间关键数据可以非周期性发送，在 EtherCAT 中采用非周期性邮箱（mailbox）数据通信。

2.5.1　周期性过程数据通信

周期性过程数据通信通常使用 FMMU 进行逻辑寻址，主站可以使用逻辑读、写或交换命令同时操作多个从站。在周期性过程数据通信模式下，主站和从站有多种同步运行模式。

1. 从站设备同步运行模式

从站设备有以下三种同步运行模式。

（1）自由运行

在自由运行模式下，本地控制周期由一个本地定时器中断产生。周期时间可以由主站设定，这是从站的可选功能。自由运行模式的本地周期如图 2-21 所示。图中 T_1 为本地微处理器从 ESC 复制数据并计算输出数据的时间；T_2 为输出硬件延时；T_3 为输入锁存偏移时间。这些参数反映了从站的时间性能。

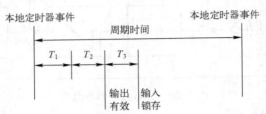

图 2-21 自由运行模式的本地周期

（2）同步于数据输入或输出事件

本地周期在发生数据输入或输出事件的时候触发，如图 2-22 所示。主站可以将过程数据帧的发送周期写给从站，从站可以检查是否支持这个周期时间或对周期时间进行本地优化。从站可以选择支持这个功能。通常同步于数据输出事件，如果从站只有输入数据，则同步于数据输入事件。

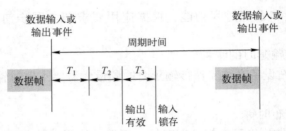

图 2-22 同步于数据输入或输出事件的本地周期

（3）同步于分布时钟同步（SYNC）事件

本地周期由 SYNC 事件触发，如图 2-23 所示。主站必须在 SYNC 事件之前完成数据帧的发送。此时要求主站时钟也要同步于参考时钟。

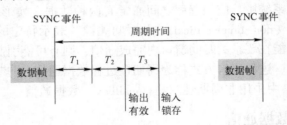

图 2-23 同步于 SYNC 事件的本地周期

为了进一步优化从站同步性能，从站应该在数据收/发事件发生时从接收到的过程数据帧中复制输出数据，然后等待 SYNC 信号到达后继续本地操作，优化后的同步于 SYNC 事件的本地周期如图 2-24 所示。数据帧必须比 SYNC 信号提前 T_1 时间到达，从站在 SYNC 事件之前已经完成数据的交换和计算，接收 SYNC 信号后可以马上执行输出操作，从而进一步提高同步性能。

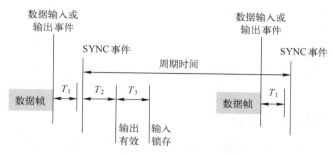

图 2-24   优化后的同步于 SYNC 事件的本地周期

2. 主站设备同步运行模式

主站有以下两种同步模式。

（1）周期性模式

在周期性模式下，主站周期性地发送过程数据帧。主站周期通常由一个本地定时器控制。从站可以运行在自由运行模式或同步于接收数据事件模式。对于运行在同步模式的从站，主站应该检查相应的过程数据帧的周期时间，保证该时间大于从站支持的最小周期时间。

主站可以用不同的周期时间发送多种周期性的过程数据帧，以便获得最优化的带宽。例如，以较小的周期发送运动控制数据，以较大的周期发送 I/O 数据。

（2）DC 模式

在 DC 模式时，主站运行与周期性模式类似，只是主站本地周期应该与参考时钟同步。主站本地定时器应该根据发布参考时钟的 ARMW 报文进行调整。在运行过程中，用于动态补偿时钟漂移的 ARMW 报文返回主站后，主站时钟可以根据读取的参考时钟时间进行调整，使之大致同步于参考时钟时间。

在 DC 模式下，所有支持 DC 的从站都应该同步于 DC 系统时间。主站也应该使其通信周期同步于 DC 参考时钟时间。图 2-25 表示主站本地周期与 DC 参考时钟同步的工作原理。

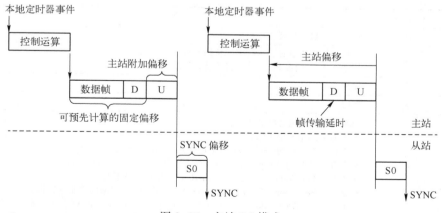

图 2-25   主站 DC 模式

主站本地运行由一个本地定时器启动。本地定时器定时应该比 DC 参考时钟定时多一个时间的提前量，该提前量为以下时间之和：

- 控制程序执行时间；
- 数据帧传输时间；
- 数据帧传输延时 D；
- 附加偏移，与各从站延迟时间的抖动和控制程序执行时间的抖动值有关，用于主站周期时间调整。

2.5.2　非周期性邮箱数据通信

EtherCAT 协议中非周期性数据通信也称为邮箱数据通信，它可以双向进行——主站到从站和从站到主站。它支持全双工、两个方向独立通信和多用户协议。从站到从站的通信由主站作为路由器来管理。邮箱通信数据头中包括一个地址域，使主站可以重新寄送邮箱数据。邮箱数据通信是实现参数交换的标准方式，如果需要配置周期性过程数据通信或需要其他非周期性服务时需要使用邮箱数据通信。

邮箱数据报文结构如图 2-26 所示。通常邮箱通信只对应一个从站，所以报文使用设备寻址模式。其数据头结构定义如表 2-6 所示。

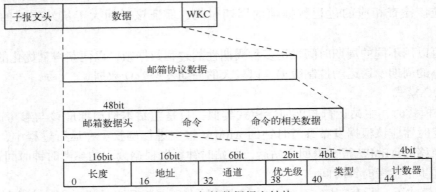

图 2-26　邮箱数据报文结构

表 2-6　邮箱数据头结构定义

名　　称	长度/bit	含　　义
长度	16	邮箱命令数据长度
地址	16	主站到从站通信时，为数据源从站地址 从站到从站通信时，为数据目的从站地址
通道	6	保留
优先级	2	保留
类型	4	邮箱类型，跟随数据的协议标识： ● 0 表示邮箱通信出错； ● 2 表示 EoE（Ethernet over EtherCAT，EtherCAT 传输以太网）； ● 3 表示 CoE（CANopen over EtherCAT，EtherCAT 传输 CANopen）； ● 4 表示 FoE（File Access over EtherCAT，EtherCAT 传输文件）； ● 5 表示 SoE（Servo Drive over EtherCAT，EtherCAT 传输伺服驱动数据）； ● 15 表示 VoE（Vendor specific profile over EtherCAT，EtherCAT 传输制造商特定行规数据）
计数器	4 bit	用于计算重复检测的顺序编号，每个新的邮箱服务将加 1（为了兼容老版本而只使用 1~7）

（1）主站到从站通信——写邮箱命令

主站发送写数据区命令将邮箱数据发送给从站。主站需要检查从站邮箱命令应答报文中的工作计数器（WKC）。如果工作计数器值为1，表示写命令成功。反之，如果工作计数器值没有增加，通常因为从站没有读完上一个命令，或在限定的时间内没有响应，主站必须重发写邮箱命令。

（2）从站到主站通信——读邮箱命令

从站有数据要发送给主站，必须先将数据写入输入邮箱数据区，然后由主站来读取。主站发现从站ESC输入邮箱数据区有数据等待发送时，会尽快发送适当的读命令来读取从站数据。主站有两种方法来测定从站是否已经将邮箱数据填入输入邮箱数据区。一种是使用FMMU周期性地读某一个标志位。使用逻辑寻址可以同时读取多个从站的标志位，但其缺点是每个从站都需要一个FMMU。另一个方法是简单地轮询ESC输入邮箱数据区。读命令的工作计数器值增加1表示从站已经将新数据填入了输入数据区。

邮箱通信出错时，应答数据定义如表2-7所示。

表2-7　邮箱通信错误应答数据

数　据　元　素	长度/bit	含　　义
命令	16	0x01：邮箱命令
命令的相关数据	16	0x01：邮箱语法错误 0x02：不支持邮箱协议 0x03：邮箱通道无效 0x04：不支持邮箱服务 0x05：邮箱头无效 0x06：邮箱数据太短 0x07：邮箱服务内存不足 0x08：邮箱数据数目错误

2.6　状态机和通信初始化

EtherCAT状态机（ESM，EtherCAT State Machine）负责协调主站和从站应用程序在初始化和运行时的状态关系。

EtherCAT设备必须支持4种状态，另外还有一个可选的状态。

1）Init：初始化，简写为I；

2）Pre-Operational：预运行，简写为P；

3）Safe-Operational：安全运行，简写为S；

4）Operational：运行，简写为O；

5）Boot-Strap：引导状态，可选，简写为B。

各状态之间的转化关系如图2-27所示。从初始化状态向运行状态转化时，必须按照"初始化→预运行→安全运行→运行"的顺序转化，不可以越级转化。从运行状态返回时可以越级转化。引导状态为可选状态，只允许与初始化状态之间互相转化。所有的状态改变都由主站发起，主站向从站发送状态控制命令请求新的状态，从站响应此命令，执行所请求的状态转换，并将结果写入从站状态指示变量。如果请求的状态转换失败，从站将给出错误标志。

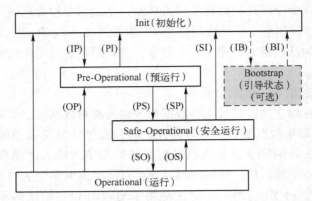

图 2-27　EtherCAT 设备支持的 4 种状态的转化关系

IP—Init to Pre-Operational　PI—Pre-Operational to Init　OP—Operational to Pre-Operational

PS—Pre-Operational to Safe-Operational　SP—Safe-Operational to Pre-Operational

SI—Safe-Operational to Pre-Operational　BI—Bootstrap to Init　IB—Init to Bootstrap

（1）Init：初始化

初始化状态定义了主站与从站在应用层的初始通信关系。此时，主站与从站应用层不可以直接通信，主站使用初始化状态来初始化 ESC 中相关的配置寄存器。如果从站支持邮箱通信，则主站使用初始化状态来配置邮箱通道参数。

（2）Pre-Operational：预运行

在预运行状态下，邮箱通信被激活。主站与从站可以使用邮箱通信来交换与应用程序相关的初始化操作和参数。在这个状态下不允许过程数据通信。

（3）Safe-Operational：安全运行

在安全运行状态下，从站应用程序读取输入数据，但是不产生输出信号。设备无输出，处于"安全状态"。此时仍然可以使用邮箱通信。

（4）Operational：运行

在运行状态下，从站应用程序读取输入数据，主站应用程序发出输出数据，从站设备产生输出信号。此时仍然可以使用邮箱通信。

（5）Boot-Strap：引导状态，可选

引导状态的功能是下载设备固件程序。主站可以使用 FoE 协议的邮箱通信下载一个新的固件程序给从站。

表 2-8 是 EtherCAT 状态机转化操作和初始化过程。

表 2-8　EtherCAT 初始化过程

状态和状态转化	操　作
初始化	应用层没有通信，主站只能读/写 ESC 寄存器
初始化向预运行转化 Init to Pre-Op(IP)	主站配置从站站点地址寄存器： ● 如果支持邮箱通信，则配置邮箱通道参数； ● 如果支持分布时钟，则配置 DC 相关寄存器； 主站写状态控制寄存器，请求"Pre-Op"状态

状态和状态转化	操　作
预运行	应用层邮箱数据通信
Pre-Op to Safe-Op（PO）	主站使用邮箱初始化过程数据映射； 主站配置过程数据通信使用的 SM 通道； 配置 FMMU； 主站写状态控制寄存器，请求"Safe-Op"状态
安全运行	应用层支持邮箱数据通信； 有过程数据通信，但是只允许读输入数据，不产生输出信号
Safe-Op to Op（SO）	主站发送有效的输出数据； 主站写状态控制寄存器，请求"Op"状态
运行状态	输入和输出全部有效， 仍然可以使用邮箱通信

2.7 应用层协议

应用层（Application Layer，AL）是 EtherCAT 协议最高的一个功能层，是直接面向控制任务的一层，它为控制程序访问网络环境提供手段，同时为控制程序提供服务。应用层不包括控制程序，它只是定义了控制程序与网络交互的接口，使符合此应用层协议的各种应用程序可以协同工作，如图 2-28 所示。EtherCAT 包括以下几种应用层协议。

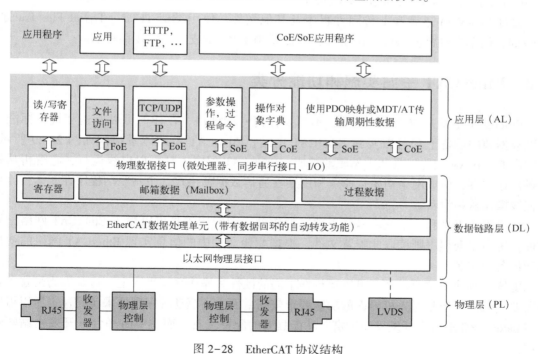

图 2-28　EtherCAT 协议结构

（1）CANopen over EtherCAT（CoE）

CANopen 最初是为 CAN（Control Aera Network）总线控制系统所开发的应用层协议。

EtherCAT 协议在应用层支持 CANopen 协议，并作了相应的扩充。主要功能有：

- 使用邮箱通信访问 CANopen 对象字典及其对象，实现网络初始化；
- 使用 CANopen 应急对象和可选的事件驱动 PDO（Process Data Object，过程数据对象）消息，实现网络管理；
- 使用对象字典映射过程数据，周期性传输指令数据和状态数据。

（2）Servo Drive overEtherCAT（SoE）

IEC 61491 是国际上第一个专门用于伺服驱动器控制的实时数据通信协议标准，其商业名称为 SERCOS（Serial Real-time Communication Specification）。EtherCAT 协议的通信性能非常适合数字伺服驱动器的控制，应用层使用 SERCOS 应用层协议定义数据接口，可以实现以下功能：

- 使用邮箱通信访问伺服控制规范参数（IDN），配置伺服系统参数；
- 使用 SERCOS 数据电报格式配置 EtherCAT 过程数据报文，周期性传输主站数据报文（Master Data Telegram，MDT）和伺服报文（Amplifer Telegram，AT）。

（3）Ethernet overEtherCAT（EoE）

除了前面描述的主从站设备之间的通信寻址模式外，EtherCAT 也支持 IP 标准的协议，比如 TCP/IP、UDP/IP 和所有其他高层协议（HTTP、FTP 等）。EtherCAT 能分段传输标准以太网协议数据帧，并在相关的设备完成组装。这种办法可以避免为长数据帧预留时间片，大大缩短了周期性数据的通信周期。此时，主站和从站需要相应的 EoE 驱动程序支持。

（4）File Access overEtherCAT（FoE）

通过 EtherCAT 下载和上传固件程序及其他文件，使用类似 TFTP（Trivial File Transfer Protocol，简单文件传输协议）的协议，不需要 TCP/IP 的支持，实现简单。

2.8　EtherCAT 主站实施和功能分类

EtherCAT 主站是纯软件实现的，不需要任何专用硬件。在任何可以发送和接收标准以太网数据帧的设备上都可以实施 EtherCAT 主站。EtherCAT 主站体系结构如图 2-29 所示，通常由 EtherCAT 配置工具和主站驱动组成。EtherCAT 配置工具可以离线运行，它解析从站设备描述文件，生成网络初始化命令和周期性通信数据帧格式。主站驱动程序在线运行，可以在线操作从站设备。

如果配置工具和主站驱动是两个独立的软件，则配置工具可以输出 EtherCAT 网络配置文件，主站驱动程序则读取此配置文件，根据配置文件中的信息实现 EtherCAT 网络的初始化和设备的控制。

配置工具和主站驱动甚至可以运行在不同的硬件和操作系统平台上。这是因为配置工具不需要实时性，但是对人机界面的功能要求较高，而主站驱动程序则要求实时性，所以可以在 Windows PC 平台下开发界面丰富、功能强大的配置工具，而在实时平台下开发主站驱动程序。

鉴于主站实现的灵活性，为了在一定程度上规范主站软件的实施，ETG（EtherCAT Technology Group，EtherCAT 技术协会）定义了若干主站功能特征包，根据主站对功能包的支持情况，将主站分为 A 和 B 两种类型，类型 A 的主站应该支持 EtherCAT 协议所定义的所

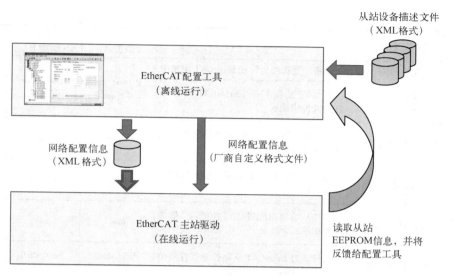

图 2-29　EtherCAT 主站体系结构

有功能，而类型 B 的主站可以只支持其中的一部分功能。主站类型定义规范见表 2-9。

表 2-9　主站类型定义规范

功能特征	功能名称	描　　述	主站（类型 A）	主站（类型 B）	编号
基本功能	读/写服务命令	支持所有命令：NOP，APRD，APWR，APRW，FPRD，FPWR，FPRW，BRD，BWR，BRW，LRD，LWR，LRW，ARMW，FRMW，等	shall if ENI import support	shall if ENI import support	101
	在数据报文中的中断请求	使用来自从站数据报文头的中断请求信息	should	should	102
	设备状态模拟从站	支持有或无应用控制器的从站设备	shall	shall	103
	EtherCAT 状态机	支持 EtherCAT 状态机定义的工作流程	shall	shall	104
	故障处理	检查网络或从站故障，如工作计数器	shall	shall	105
	VLAN（虚拟局域网络）	支持 VLAN Tagging（VLAN 标记）	may	may	106
	EtherCAT 帧类型	支持 EtherCAT 数据帧	shall	Shall	107
	UDP 类型的帧	支持 UDP 数据帧	may	may	108
过程数据交换	周期性 PDO	周期性过程数据交换	shall	shall	201
	多任务	不同的周期性任务，过程数据对象的多种刷新周期	may	may	202
	数据帧重发	多次发送周期性数据帧以提高稳定性	may	may	203

注：shall—要求实施，should—推荐实施，may—允许实施。

功能特征	功能名称	描述	主站（类型A）	主站（类型B）	编号
网络配置	在线扫描	网络配置功能包含在 EtherCAT 主站中	at least one of them	at least one of them	301
	读取 EtherCAT 网络信息	网络配置在 ENI（EtherCAT 网络信息）文件中读取			
	比较网络配置	在启动时将现有网络配置信息和所配置信息进行对比	shall	shall	302
	显式设备标识	用于热连接和防止电缆误接的明显的设备标识	should	should	303
	站点别名地址	支持从站使用配置的站点别名，使能并使用第二个地址	may	may	304
	访问 EEPROM	支持通过 EtherCAT 从站控制寄存器例程访问 EEPROM	Read shall Write may	Read shall Write may	305
邮箱服务	支持邮箱	邮箱传输的主要功能	shall	shall	401
	邮箱出错恢复	支持出错恢复的底层协议	shall	shall	402
	多邮箱通道		may	may	403
	邮箱轮询	轮询从站的邮箱状态	shall	shall	404
CAN 应用层协议支持	SDO（Service Data Object，服务数据对象）上传/下载	服务数据对象 SDO 的正常和快速传输	shall	shall	501
	分段传输	分段转移	shall	should	502
	完全访问	一次传输整个数据对象（包含所有的子索引）	shall	should shall if ENI Import supported	503
	SDO 信息服务	读取对象字典的服务	shall	should	504
	紧急消息	接收紧急消息	shall	shall	505
	在 CoE 中传输过程数据对象	通过 CoE 进行过程数据对象服务的传输	may	may	506
EoE	EoE 协议	传输以太网数据帧的服务，包括所有 EoE 相关协议	shall	shall if EoE support	601
	虚拟交换机	虚拟交换机功能	shall	shall if EoE support	602
	操作系统的 EoE 端口	在 EoE 层之上的操作系统接口	should	should if EoE support	603
FoE	FoE 协议	支持 FoE 协议	shall	shall if FoE support	701
	固件上传或下载	由应用程序提供密码和文件名	shall	should	702
	启动状态	为数据帧的上传或下载提供启动状态	shall	shall if FW UP/ Download	703

注：shall—要求实施，should—推荐实施，may—允许实施。

功能特征	功能名称	描　述	主站 （类型 A）	主站 （类型 B）	编号
SoE	SoE 服务	支持 SoE 服务	shall	should if SoE support	801
AoE	AoE 协议	支持 AoE 协议	should	should	901
VoE	VoE 协议	支持外部连通性	may	may	1001
使用分布 时钟进 行同步	分布时钟	支持分布时钟	shall	shall if DC support	1101
	连续计算传播 延迟补偿	传播延迟的连续计算	should	should	1102
	同步窗口检测	持续检测不同从站设备上的同步偏差	should	should	1103
从站到从 站的通信	通过主站	信息由 EtherCAT 网络信息文件提供，或作为其他网络配置的一部分；所复制数据由主站堆栈或主站应用程序处理	shall	shall	1201
主站信息	主站对象字典	支持主站对象字典（ETG. 5001 MDP（模块化设备行规）子规范 1100）	should	may	1301

注：shall—要求实施，should—推荐实施，may—允许实施。

　　主站类型和功能包的定义是一个持续进行的过程，随着主站功能的增强，需要更多的功能特征来满足用户和应用的后续需求。设置主站类型的目的是增强功能时考虑到最终用户的利益。因此，基本功能和每个单独功能特征包都必须有版本号标识。主站供应商不能在没有相应版本号的情况下对其主站进行分类（包括基本功能以及每个功能特征包）。

第 3 章　EtherCAT 从站控制芯片

EtherCAT 从站控制（ESC）芯片是实现 EtherCAT 数据链路层协议的专用集成电路芯片。它处理 EtherCAT 数据帧，并为从站控制装置提供数据接口。ESC 结构如图 3-1 所示，ESC 具有以下主要功能：

- 集成数据帧转发处理单元，通信性能不受从站微处理器性能限制。每个 ESC 最多可以提供 4 个数据收发端口；主站发送 EtherCAT 数据帧操作 ESC，称为 ECAT 帧操作。
- 最大 64 KB 的双端口存储器 DPRAM 存储空间，其中包括 4 KB 的寄存器空间和 1~60 KB 的用户数据区；DPRAM 可以由外部微处理器使用并行或串行数据总线访问，称为物理设备接口 PDI（Physical Device Interface）。
- 可以不用微处理器控制，作为数字量输入/输出芯片独立运行，具有通信状态机处理功能，最多提供 32 b 数字量输入/输出。
- 具有 FMMU 逻辑地址映射功能，提高数据帧利用率。
- 由同步管理器（SyncManager，SM）通道管理 DPRAM，保证了应用数据的一致性和安全性；
- 集成分布时钟（Distribute Clock）功能，为微处理器提供高精度的中断信号；
- 具有 EEPROM 访问功能，存储 ESC 寄存器初始数据和应用配置参数，定义从站信息接口（Slave Information Interface，SII）。

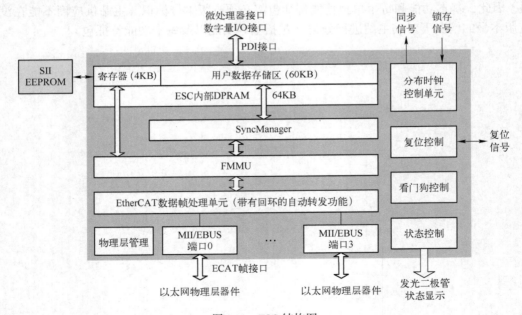

图 3-1　ESC 结构图

3.1 ESC 芯片概述

3.1.1 ESC 芯片种类

ESC 芯片由德国 BECKHOFF 自动化有限公司提供，包括 ASIC（Application Specific Integrated Circuit，专用集成电路）芯片和 IP-Core（IP 核，用于产品应用 ASIC 或 FPGA 的逻辑块或数据块）。目前有两种规格的从站控制专用 ASIC 芯片：ET1100 和 ET1200，见表 3-1。

表 3-1　EtherCAT 通信的 ASIC 芯片

特　性	ET1100	ET1200
端口数	4 个端口，EBUS 或 MII	3 个端口，最多 1 个 MII 端口
FMMU	8 个	3 个
存储同步管理单元	8 个	4 个
过程数据 RAM	8 KB	1 KB
分布时钟	64 bit	64 bit
物理设备接口（PDI）	32 bit 数字量 I/O、8/16 bit 异步/同步微处理器接口（Micro Controller Interface，MCI）、串行外设接口（SPI）	16 bit 数字量 I/O、串行外设接口（Series Periphery Interface，SPI）
EEPROM 容量	16 KB	16 KB~4 MB
封装	BGA128，10 mm×10 mm	QFN48，7 mm×7 mm

用户也可以使用 IP-Core 将 EtherCAT 通信功能集成到设备控制 FPGA（Field-Programmable Gate Array，现场可编程门阵列）中，并根据需要配置功能和规模。使用 Altra 公司 Cyclone 系列 FPGA 的 IP-Core ET18xx 功能见表 3-2。

表 3-2　IP-Core ET 18xx 功能配置

特　性	FPGA　IP-Core　ET18xx
端口数	2 个 MII 或 RMII（Reduced MII）端口
FMMU	0~8 个（可配置）
存储同步管理单元	0~8 个（可配置）
过程数据 RAM	1~60 KB 可配置
分布时钟	可配置
物理设备接口	32 b 数字量 I/O、8/16 b 异步/同步微处理器接口、串行外设接口、Avalon/OPB 片上总线

3.1.2 ESC 芯片存储空间

ESC 芯片具有 64 KB 的 DPRAM 地址空间，前 4 KB（0x0000:0x0FFF）空间为寄存器空间。0x1000:0xFFFF 的地址空间为过程数据存储空间，不同的芯片类型所包含的过程数据空间有所不同，如图 3-2 所示。

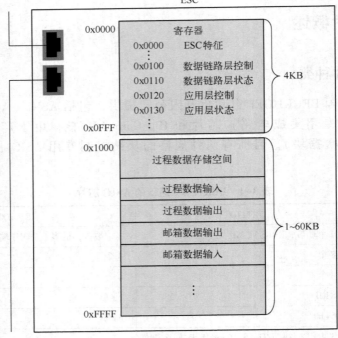

图 3-2　ESC 内部存储空间示意图

0x0000~0x0F7F 的寄存器具有缓存区，ESC 芯片在接收到一个写寄存器操作数据帧时，数据首先存放在缓存区中。如果确认数据帧接收正确，缓存区中的数值将被传送到真正的寄存器中，否则不接收缓存区中的数据。也就是说，寄存器内容在正确接收到 EtherCAT 数据帧的 FCS（Frame Check Sequence，帧校验序列）之后才被刷新。过程数据存储区没有缓存区，写操作对其是立即生效。如果数据帧接收错误，ESC 不会将存储区数据的改变通知给上层应用控制程序。ET1100 存储空间结构定义见表 3-3。

表 3-3　ET1100 存储空间结构定义

功能结构	地　址	长度（B）	描　　述	读/写	
				ECAT 帧	PDI
ESC 信息	0x0000	1	类型	R	R
	0x0001	1	版本号	R	R
	0x0002:0x0003	2	内部标号	R	R
	0x0004	1	FMMU 数	R	R
	0x0005	1	SM(同步管理通道)数	R	R
	0x0006	1	RAM 大小	R	R
	0x0007	1	端口描述	R	R
	0x0008:0x0009	2	特性	R	R
站点地址	0x0010:0x0010	2	配置站点地址	R/W	R
	0x0012:0x0013	2	配置站点别名	R	R/W

功能结构	地　址	长度（B）	描　述	读/写	
				ECAT 帧	PDI
写保护	0x0020	1	寄存器写使能	W	
	0x0021	1	寄存器写保护	R/W	R
	0x0030	1	写使能	W	
	0x0031	1	写保护	R/W	R
ESC 复位	0x0040	1	复位控制	R/W	R
数据链路层	0x0100:0x0103	4	数据链路控制	R/W	R
	0x0108:0x0109	2	物理读/写偏移	R/W	R
	0x0110:0x0111	2	数据链路状态	R	R
应用层	0x0120:0x0121	2	应用层控制	R/W	R
	0x0130:0x0131	2	应用层状态	R	R/W
	0x0134:0x0135	2	应用层状态码	R	R/W
物理设备接口（PDI，Physical Device Interface）	0x0140:0x0141	2	PDI 控制	R	R
	0x0150	1	PDI 配置	R	R
	0x0151	1	SYNC/LATCH 接口配置	R	R
	0x0152:0x0153	2	扩展 PDI 配置	R	R
中断	0x0200:0x0201	2	ECAT 中断屏蔽	R/W	R
	0x0204:0x0207	4	应用层中断事件屏蔽	R	R/W
	0x0210:0x0211	2	ECAT 中断请求	R	R
	0x0220:0x0223	4	应用层中断事件请求	R	R
错误计数器	0x0300:0x0307	4×2	接收错误计数器	R/W(clr)	R
	0x0308:0x030B	4	转发接收错误计数器	R/W(clr)	R
	0x030C	1	ECAT 处理单元错误计数器	R/W(clr)	R
	0x030D	1	PDI 错误计数器	R/W(clr)	R
	0x0310:0x0313	4	链接丢失计数器	R/W(clr)	R
看门狗设置	0x0400:0x0401	2	看门狗分频器	R/W	R
	0x0410:0x0411	2	PDI 看门狗计时器	R/W	R
	0x0420:0x0421	2	过程数据看门狗计时器	R/W	R
	0x0440:0x0441	2	过程数据看门狗状态	R	R
	0x0442	1	过程数据看门狗超时计数器	R/W(clr)	R
	0x0443	1	PDI 看门狗超时计数器	R/W(clr)	R
EEPROM 控制接口	0x0500	1	EEPROM 配置	R/W	R
	0x0501	1	EEPROM PDI 访问状态	R	R/W
	0x0502:0x0503	2	EEPROM 控制/状态	R/W	R/W
	0x0504:0x0507	4	EEPROM 地址	R/W	R/W
	0x0508:0x050F	8	EEPROM 数据	R/W	R/W

功能结构	地址	长度（B）	描述	读/写	
				ECAT 帧	PDI
MII 管理接口	0x0510;0x0511	2	MII 管理控制/状态	R/W	R/W
	0x0512	1	PHY（物理层）地址	R/W	R/W
	0x0513	1	PHY 寄存器地址	R/W	R/W
	0x0514;0x0515	2	PHY 数据	R/W	R/W
	0x0516	1	MII 管理 ECAT 操作状态	R/W	R
	0x0517	1	MII 管理 PDI 操作状态	R/W	R/W
	0x0518;0x051B	4	PHY 端口状态	R	R
FMMU 配置寄存器	0x0600;0x06FF	16×16	FMMU[15:0]		
	+0x0;0x3	4	逻辑起始地址	R/W	R
	+0x4;0x5	2	长度	R/W	R
	+0x6	1	逻辑起始位	R/W	R
	+0x7	1	逻辑停止位	R/W	R
	+0x8;0x9	2	物理起始地址	R/W	R
	+0xA	1	物理起始位	R/W	R
	+0xB	1	FMMU 类型	R/W	R
	+0xC	1	FMMU 激活	R/W	R
	+0xD;0xF	3	保留	R	R
存储同步管理器配置寄存器	0x0800;0x087F	16×16	同步管理器 SM[15:0]		
	+0x0;0x1	2	物理起始地址	R/W	R
	+0x2;0x3	2	长度	R/W	R
	+0x4	1	SM 控制寄存器	R/W	R
	+0x5	1	SM 状态寄存器	R	R
	+0x6	1	激活	R/W	R
	+0x7	1	PDI 控制	R	R/W
分布时钟控制寄存器	0x0900;0x09FF		分布时钟（DC）控制		
DC-接收时间	0x0900;0x0903	4	端口 0 接收时间	R/W	R
	0x0904;0x0907	4	端口 1 接收时间	R	R
	0x0908;0x090B	4	端口 2 接收时间	R	R
	0x090C;0x090F	4	端口 3 接收时间	R	R
DC-时钟控制环单元	0x0910;0x0917	4/8	系统时间	R/W	R/W
	0x0918;0x091F	4/8	数据帧处理单元接收时间	R	R
	0x0920;0x0927	4/8	系统时间偏移	R/W	R/W
	0x0928;0x092B	4	系统时间延迟	R/W	R/W
	0x092C;0x092F	4	系统时间漂移	R	R
	0x0930;0x0931	2		R/W	R/W
	0x0932;0x0933	2		R	R
	0x0934	1	系统时差滤波深度	R/W	R/W
	0x0935	1		R/W	R/W

功能结构	地 址	长度(B)	描 述	读/写	
				ECAT帧	PDI
DC-周期性单元控制	0x0980	1	周期单元控制	R/W	R
DC-SYNC输出单元	0x0981	1	激活	R/W	R/W
	0x0982:0x0983	2	SYNC信号脉冲宽度	R	R
	0x098E	1	SYNC0信号状态	R	R
	0x098F	1	SYNC1信号状态	R	R
	0x0990:0x0997	4/8	周期性运行开始时间/下个SYNC0脉冲时间	R/W	R/W
	0x0998:0x099F	4/8	下个SYNC1脉冲时间	R	R
	0x09A0:0x09A3	4	SYNC0周期时间	R/W	R/W
	0x09A4:0x09A7	4	SYNC1周期时间	R/W	R/W
DC-锁存单元	0x09A8	1	LATCH0控制	R/W	R/W
	0x09A9	1	LATCH1控制	R/W	R/W
	0x09AE	1	LATCH0状态	R	R
	0x09AF	1	LATCH1状态	R	R
	0x09B0:0x09B7	4/8	LATCH0上升沿时间	R	R
	0x09B8:0x09BF	4/8	LATCH0下降沿时间	R	R
	0x09C0:0x09C7	4/8	LATCH1上升沿时间	R	R
	0x09C8:0x09CF	4/8	LATCH1下降沿时间	R	R
DC-SM时间	0x09F0:0x09F3	4	EtherCAT缓存变化事件时间	R	R
	0x09F8:0x09FB	4	PDI缓存开始事件时间	R	R
	0x09FC:0x09FF	4	PDI缓存变化事件时间	R	R
ESC特征寄存器	0x0E00:0x0EFF	256	ESC特征寄存器，如上电值、产品和厂商的ID		
数字量输入/输出	0x0F00:0x0F03	4	数字量I/O输出数据	R/W	R
	0x0F10:0x0F17	1~8	通用功能输出数据	R/W	R/W
	0x0F18:0x0F1F	1~8	通用功能输入数据	R	R
用户RAM/扩展ESC特性	0x0F80:0x0FFF	128	用户RAM/扩展ESC特性	R/W	R/W
过程数据RAM	0x1000:0x1003	4	数字量I/O输入数据	R/W	R/W
	0x1000:0xFFFF	8K	过程数据RAM	R/W	R/W

3.1.3 ESC芯片特征信息

ESC芯片寄存器空间的前10 B表示其基本配置性能，如表3-4所示。可以读取这些寄存器的值获取从站ESC芯片类型和功能。

表 3-4　ESC 芯片特征寄存器

地址	位	名称	描述	复位值
0x0000	0~7	类型	芯片类型	ET1100:0x11 ET1200:0x12
0x0001	0~7	修订号	芯片版本修订号， IP Core：主版本号 X	与 ESC 相关
0x0002:0x0003	0~15	内部版本号	内部版本号， IP Core：[7:4] = 子版本号 Y [3:0] = 维护版本号 Z	与 ESC 相关
0x0004	0~7	FMMU 支持	FMMU 通道数目	IP Core：可配置 ET1100：8 ET1200：3
0x0005	0~7	SM 通道支持	SM 通道数目	IP Core：可配置 ET1100：8 ET1200：4
0x0006	0~7	RAM 数量	过程数据存储区容量，以 KB 为单位	IP Core：可配置 ET1100：8 ET1200：1
0x0007	0~7	端口配置	4 个物理端口的用途	ESC 相关
	1:0	Port 0	00：没有实现	
	3:2	Port 1	01：没有配置	
	5:4	Port 2	10：EBUS	
	7:6	Port 3	11：MII	
0x0008:0x0009	0	FMMU 操作	0：按位映射 1：按字节映射	0
	1	保留		
	2	分布时钟	0：不支持 1：支持	IP Core：可配置 ET1100：1 ET1200：1
	3	时钟容量	0：32 bit 1：64 bit	ET1100：1 ET1200：1 其他：0
	4	低抖动 EBUS	0：不支持，标准 EBUS 1：支持，抖动最小化	ET1100：1 ET1200：1 其他：0
	5	增强的 EBUS 链接检测	0：不支持 1：支持，如果在已传输的 256 bit 中发现超过 16 个错误，则关闭链接	ET1100：1 ET1200：1 其他：0
	6	增强的 MII 链接检测	0：不支持 1：支持，如果在已传输的 256 bit 中发现超过 16 个错误，则关闭链接	ET1100：1 ET1200：1 其他：0
	7	分别处理 FCS 错误	0：不支持 1：支持	ET1100：1 ET1200：1 其他：0
	8~15	保留		

3.2 ESC 芯片——ET1100

ET1100 是一种 EtherCAT 从站控制器（ESC）专用芯片。它具有 4 个数据收/发端口、8 个 FMMU 和 8 个 SM 通道、4 KB 控制寄存器、8 KB 过程数据储存器、支持 64 b 的分布时钟功能。它可以直接作为 32 b 数字量输入/输出站点，或由外部微处理器控制，组成复杂的从站设备。图 3-3 为 ET1100 的结构框图。

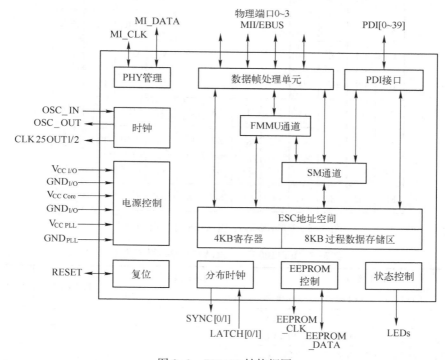

图 3-3　ET1100 结构框图

3.2.1　ET1100 引脚定义

ET1100 外形如图 3-4 所示，采用 BGA128 封装，引脚分布如图 3-5 所示，共有 128 个引脚。表 3-5 列出了 ET1100 的所有功能引脚，按照功能复用分类，包括 PDI 接口引脚、ECAT 帧接口引脚、配置信号引脚和其他功能引脚。表 3-6 列出了其电源引脚。

图 3-4　ET1100 外形

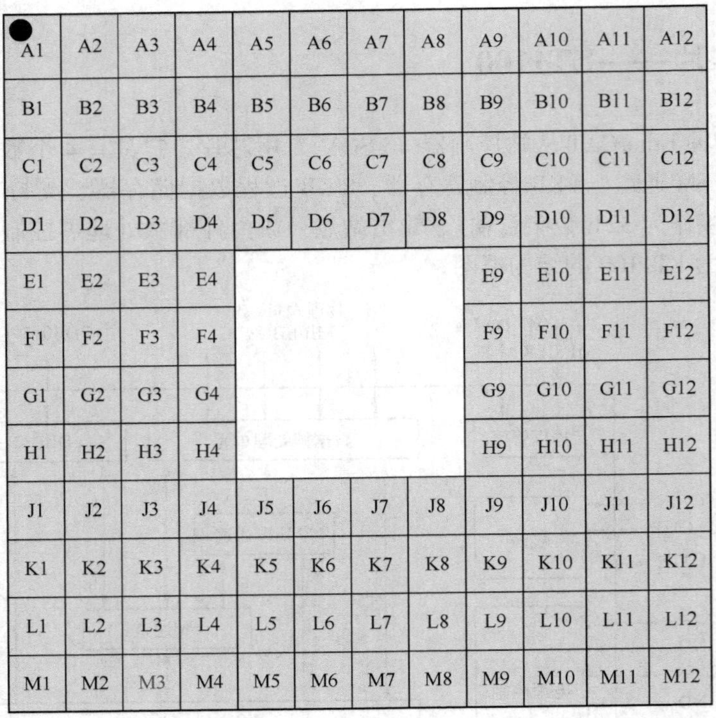

图 3-5 ET1100 芯片 BGA128 封装引脚分布

表 3-5 ET1100 芯片 BGA128 封装引脚定义

功能\编号	PDI 接口				ECAT 帧接口		配置功能	其他功能
	PDI 编号	I/O 接口	MCI 接口	SPI 接口	MII 接口	EBUS 接口		
D12	PDI[0]	I/O[0]	*CS	SPI_CLK				
D11	PDI[1]	I/O[1]	*RD(*TS)	SPI_SEL				
C12	PDI[2]	I/O[2]	*WR(RD/*WR)	SPI_DI				
C11	PDI[3]	I/O[3]	*BUSY(*TA)	SPI_DO				
B12	PDI[4]	I/O[4]	*IRQ	SPI_IRQ				
C10	PDI[5]	I/O[5]	*BHE					
A12	PDI[6]	I/O[6]	EEPROM_Loaded	EEPROM_Loaded				
B11	PDI[7]	I/O[7]	ADR[15]					CPU_CLK
A11	PDI[8]	I/O[8]	ADR[14]	GPO[0]				*SOF*⊖
B10	PDI[9]	I/O[9]	ADR[13]	GPO[1]				*OE_EXT*
A10	PDI[10]	I/O[10]	ADR[12]	GPO[2]				*OUTVALID*
C9	PDI[11]	I/O[11]	ADR[11]	GPO[3]				*WD_TRIG*
A9	PDI[12]	I/O[12]	ADR[10]	GPI[0]				*LATCH_IN*
B9	PDI[13]	I/O[13]	ADR[9]	GPI[1]				*OE_CONF*
A8	PDI[14]	I/O[14]	ADR[8]	GPI[2]				*EEPROM_Loaded*

⊖ 本表斜体部分表示可以通过配置引脚 CTRL_STATUS_MOVE 分配 PDI[23:16] 或 PDI[15:8]作为控制/状态信号，其具体使用可参考 "3.2.3 PDI 接口" 的 "1. 数字量 I/O 接口" 部分。

功能 编号	PDI 接口				ECAT 帧接口		配置功能	其他功能
	PDI 编号	I/O 接口	MCI 接口	SPI 接口	MII 接口	EBUS 接口		
B8	PDI[15]	I/O[15]	ADR[7]	GPI[3]				
A7	PDI[16]	I/O[16]	ADR[6]	GPO[4]	RX_ERR(3)			*SOF*
B7	PDI[17]	I/O[17]	ADR[5]	GPO[5]	RX_CLK(3)			*OE_EXT*
A6	PDI[18]	I/O[18]	ADR[4]	GPO[6]	RX_D(3)[0]			*OUTVALID*
B6	PDI[19]	I/O[19]	ADR[3]	GPO[7]	RX_D(3)[2]			*WD_TRIG*
A5	PDI[20]	I/O[20]	ADR[2]	GPI[4]	RX_D(3)[3]			*LATCH_IN*
B5	PDI[21]	I/O[21]	ADR[1]	GPI[5]	LINK_MII(3)			*OE_CONF*
A4	PDI[22]	I/O[22]	ADR[0]	GPI[6]	TX_D(3)[3]			*EEPROM_Loaded*
B4	PDI[23]	I/O[23]	DATA[0]	GPI[7]	TX_D(3)[2]			
A3	PDI[24]	I/O[24]	DATA[1]	GPO[8]	TX_D(3)[1]	EBUS(3)-TX-		
B3	PDI[25]	I/O[25]	DATA[2]	GPO[9]	TX_D(3)[0]			
A2	PDI[26]	I/O[26]	DATA[3]	GPO[10]	TX_ENA(3)	EBUS(3)-TX+		
A1	PDI[27]	I/O[27]	DATA[4]	GPO[11]	RX_DV(3)	EBUS(3)-RX-		
B2	PDI[28]	I/O[28]	DATA[5]	GPI[8]	Err(3)/Trans(3)	Err(3)	RESET_VED	
B1	PDI[29]	I/O[29]	DATA[6]	GPI[9]	RX_D(3)[1]	EBUS(3)-RX+		
C2	PDI[30]	I/O[30]	DATA[7]	GPI[10]	LinkAct(3)		P_CONF[3]	
C1	PDI[31]	I/O[31]		GPI[11]	CLK25OUT2			
D1	PDI[32]	SOF	DATA[8]	GPO[12]	TX_D(2)[3]			
D2	PDI[33]	OE_EXT	DATA[9]	GPO[13]	TX_D(2)[2]			
E2	PDI[34]	OUTVALID	DATA[10]	GPO[14]	TX_D(2)[0]		CTRL_STATUS_MOVE	
G1	PDI[35]	WD_TRIG	DATA[11]	GPO[15]	RX_ERR(2)			
G2	PDI[36]	LATCH_IN	DATA[12]	GPI[12]	RX_CLK(2)			
H2	PDI[37]	OE_CONF	DATA[13]	GPI[13]	RX_D(2)[0]			
J2	PDI[38]	EEPROM_Loaded	DATA[14]	GPI[14]	RX_D(2)[2]			
K1	PDI[39]		DATA[15]	GPI[15]	RX_D(2)[3]			
F1					TX_ENA(2)	EBUS(2)-TX+		
E1					TX_D(2)[1]	EBUS(2)-TX-		
H1					RX_DV(2)	EBUS(2)-RX+		
J1					RX_D(2)[1]	EBUS(2)-RX-		
C3					Err(2)/Trans(2)	Err(2)	PHYAD_OFF	
E3					LinkAct(2)		P_CONF[2]	
F2					LINK_MII(2)	CLK25OUT1		CLK25OUT1
M3					TX_ENA(1)	EBUS(1)-TX+		
L3					TX_D(1)[0]		TRANS_MODE_ENA	
M2					TX_D(1)[1]	EBUS(1)-TX-		

功能 编号	PDI 接口				ECAT 帧接口		配置功能	其他功能
	PDI 编号	I/O 接口	MCI 接口	SPI 接口	MII 接口	EBUS 接口		
L2					TX_D(1)[2]		P_MODE[0]	
M1					TX_D(1)[3]		P_MODE[1]	
L4					RX_D(1)[0]			
M5					RX_D(1)[1]	EBUS(1)−RX+		
L5					RX_D(1)[2]			
M6					RX_D(1)[3]			
M4					RX_DV(1)	EBUS(1)−RX−		
L6					RX_ERR(1)			
K4					RX_CLK(1)			
K3					LINK_MII(1)			
K2					Err(1)/Trans(1)	Err(1)	CLK_MODE[1]	
L1					LinkAct(1)	LinkAct(1)	P_CONF[1]	
M9					TX_ENA(0)	EBUS(0)−TX+		
L8					TX_D(0)[0]		C25_ENA	
M8					TX_D(0)[1]	EBUS(0)−TX−		
L7					TX_D(0)[2]		C25_SHI[0]	
M7					TX_D(0)[3]		C25_SHI[1]	
K10					RX_D(0)[0]			
M12					RX_D(0)[1]	EBUS(0)−RX+		
L11					RX_D(0)[2]			
L12					RX_D(0)[3]			
M11					RX_DV(0)	EBUS(0)−RX−		
M10					RX_ERR(0)			
L10					RX_CLK(0)			
L9					LINK_MII(0)			
J11					Err(0)/Trans(0)	Err(0)	CLK_MODE[0]	
J12					LinkAct(0)	LinkAct(0)	P_CONF[0]	
H11							EEPROM_SIZE	RUN
G12								OSC_IN
F12								OSC_OUT
H12								RESET
C4								RBIAS
H3								TESTMODE
G11								EEPROM_CLK
F11								EEOROM_DATA

（续）

功能 编号	PDI 接口				ECAT 帧接口		配置功能	其他功能
	PDI 编号	I/O 接口	MCI 接口	SPI 接口	MII 接口	EBUS 接口		
K11							LINKPOL	MI_CLK
K12								MI_DATA
E11								SYNC/Latch[0]
E12								SYNC/Latch[1]

表 3-6　ET1100 电源引脚定义

引脚编号	功　能
C5, D3, J3, K5, K8, J10, F10, D10, E9, F3, H9	$V_{CC\ I/O}$
D5, D5, D4, J4, J5, J8, J9, F9, D9, H4, K9	$GND_{I/O}$
C6, K6, K7, C7	$V_{CC\ Core}$
D6, J6, J7, D7	GND_{Core}
G10	$V_{CC\ PLL}$
G9	GND_{PLL}
E4, G3, G4, E10, C8, H10, F4, D8	Res

3.2.2　物理通信端口

ET1100 有 4 个物理通信端口，分别命名为端口 0~端口 3，每个端口都可以配置为 MII 接口或 EBUS 接口两种形式。

1. MII 接口

ET1100 使用 MII 接口时，需要外接以太网物理层（PHY）芯片。为了降低处理/转发延时，ET1100 的 MII 接口省略了对 FIFO（First Input First Output，先进先出）的发送。因此，ET1100 对以太网物理层芯片有一些附加的功能要求。ET1100 选配的以太网 PHY 芯片应该满足以下基本功能和附加要求。

（1）基本功能
- 遵从 IEEE 802.3 100BaseTX 或 100BaseFX 规范；
- 支持 100 Mbit/s 全双工链接；
- 提供一个 MII 接口；
- 使用自动协商；
- 支持 MII 管理接口；
- 支持 MDI/MDI-X 自动交叉。

（2）附加要求
- PHY 芯片和 ET1100 使用同一个时钟源；
- ET1100 不使用 MII 接口检测或配置连接，PHY 芯片必须提供一个信号用来指示是否建立了 100 Mbit/s 的全双工连接；
- PHY 芯片的连接丢失响应时间应小于 15 μs，以满足 EtherCAT 的冗余性能要求；
- PHY 芯片的 TX_CLK 信号和 PHY 的输入时钟之间的相位关系必须固定，最大允许 5 ns 的抖动；

- ET1100 不使用 PHY 芯片的 TX_CLK 信号，以省略 ET1100 内部的发送 FIFO（First In First Out）；
- TX_CLK 和 TX_ENA 及 TX_D［3:0］之间的相传偏移由 ET1100 通过设置 TX 相位偏移来补偿，可以使 TX_ENA 及 TX_D［3:0］延迟 0、10、20 或 30 ns。

以上要求中，时钟源最为重要。ET1100 的时钟信号包括 OSC_IN 和 OSC_OUT。时钟源的布局对系统设计中的电磁兼容性能有很大的影响。需要满足以下条件：

- 时钟源尽可能靠近 ESC 布置；
- 这个区域的地层应该无缝；
- 电源对时钟源和 ESC 时钟呈现低阻抗；
- 应该使用时钟元器件推荐的电容值；
- 时钟源和 ESC 时钟输入之间的电容量应该相同，具体数值取决于线路板的几何特性；
- ET1100 的时钟精度为 25 ppm 以上。

使用石英晶体时，将 OSC_IN 和 OSC_OUT 连接到 25 MHz 外部晶体的两端，ET1100 的 CLK25OUT1/2 输出作为 PHY 芯片的时钟输入，如图 3-6 所示。图中电容的典型值为 12 pF。如果 ET1100 使用振荡器输入，PHY 芯片不能使用 CLK25OUT1/2 输出作为时钟源，必须与 ET1100 使用同一振荡器输入，如图 3-7 所示。

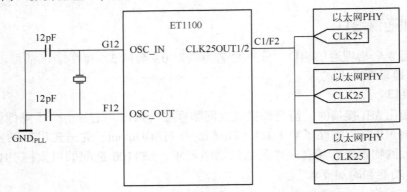

图 3-6　ET1100 使用石英晶体时钟源时的连接

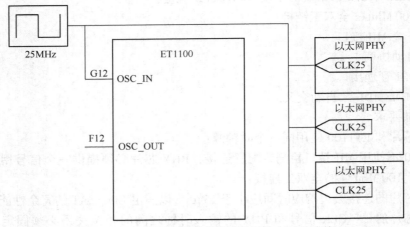

图 3-7　ET1100 使用振荡器时钟源输入时的连接

ET1100 没有使用标准 MII 接口的全部引脚信号，表 3-7 描述了 ET1100 所使用的 MII 接口信号，图 3-8 为端口 0 与 PHY 芯片连接示意图。

表 3-7 E71100 所用的 MII 接口信号描述

信 号	方 向	描 述
LINK_MII	IN	100 Mbit/s 的全双工连接状态
RX_CLK	IN	接收时钟
RX_DV	IN	接收数据有效
RX_D[3:0]	IN	接收数据（RXD）
RX_ERR	IN	接收出错（RX_ER）
TX_ENA	OUT	发送使能（TX_EN）
TX_D[3:0]	OUT	发送数据（TXD）
MI_CLK	OUT	管理接口时钟（MDC）
MI_DATA	BIDIR	管理接口数据（MDIO）
PHYAD_OFF	IN	PHY 地址偏移配置，属于配置引脚
LINKPOL	IN	LINK_MII 极性配置，属于配置引脚

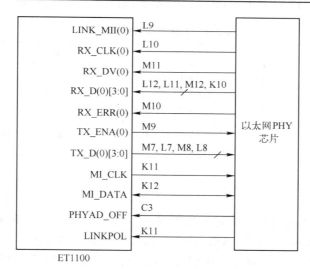

图 3-8 端口 0 与 PHY 芯片连接示意图

MI_DATA 应该连接外部上拉电阻，推荐阻值为 4.7 kΩ。MI_CLK 为轨到轨（rail-to-rail）驱动，空闲时为高电平。

每个端口的 PHY 地址等于其逻辑端口号加 1（PHYAD_OFF=0，PHY 地址为 1~4），或逻辑端口号加 17（PHYAD_OFF=1，PHY 地址为 17~20）。

2. EBUS 接口

用 EtherCAT 协议可定义一种物理层传输方式——EBUS。EBUS 中传输介质使用低压差分信号（Low Voltage Differential Signaling，LVDS），由《ANSI/TIA/EIA-644-A-2001 低压差分信号接口电路电气特性》标准定义，最远传输距离为 10 m。

图 3-9 为两个 ET1100 芯片使用 EBUS 接口连接的示意图。使用两对 LVDS 线对，一对接收数据帧，一对发送数据帧。每对 LVDS 线对只需要跨接一个 100 Ω 的负载电阻，不需要其他物理层元器件，缩短了从站之间的传输延时，减少了元器件。表 3-8 描述了 EBUS 接口的各个信号。

EBUS 可以满足快速以太网 100 Mbit/s 数据传输的波特率。它只是简单地封装以太网数据帧，所以可以传输任意以太网数据帧，而不只是 EtherCAT 帧。

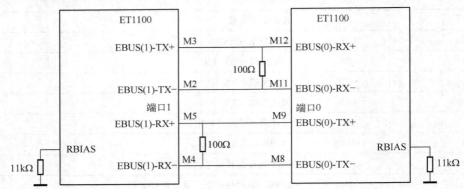

图 3-9 两个 ET1100 芯片使用 EBUS 接口连接示意图

表 3-8 EBUS 接口信号描述

信　号	方　向	描　述
EBUS-TX+ EBUS-TX-	输出	EBUS 接口发送信号
EBUS-RX+ EBUS-RX-	输入	EBUS 接口接收信号
RBIAS		用于对 EBUS-TX 信号进行电流调节的偏压电阻，经过 11 kΩ 电阻后接地

3.2.3 PDI 接口

ESC 芯片的应用数据接口称为过程数据接口（Process Data Interface）或物理设备接口（Physical Device Interface），简称 PDI。ESC 提供两种类型的 PDI 接口：

- 直接 I/O 信号接口，不需要应用层微处理器控制，最多 32 个引脚；
- DPRAM 数据接口，使用外部微处理器访问，支持并行和串行两种方式。

ET1100 的 PDI 接口类型及其相关特性由寄存器 0x0140:0x0141 来配置，如表 3-9 所示。

表 3-9 PDI 接口类型及其相关特性的配置

地　址	位	名　称	描　述	复位值
0x0140:0x0141	0~7	PDI 类型（过程数据接口或物理数据接口）	0：接口无效 4：数字量 I/O 5：SPI（串行外设接口）从机 8：16 b 异步微处理器接口 9：8 b 异步微处理器接口 10：16 b 同步微处理器接口 11：8 b 同步微处理器接口	上电后装载 EE-PROM 地址 0 的数据

地　址	位	名　　称	描　　述	复位值
0x0140:0x0141	8	设备状态模拟	0：AL 状态必须由 PDI 设置 1：AL 状态寄存器自动设为 AL 控制寄存器的值	上电后装载 EE-PROM 地 址 0 的数据
	9	增强的链接检测	0：无 1：使能	
	10	分布时钟同步输出单元	0：不使用（节能） 1：使能	
	11	分布时钟锁存输入单元	0：不使用（节能） 1：使能	
	12～15	保留		

PDI 配置寄存器 0x0150 以及扩展 PDI 配置寄存器 0x0152:0x0153 的设置取决于所选择的 PDI 类型，SYNC/LATCH 接口的配置寄存器 0x0151 与所选用的 PDI 接口无关。

1. 数字量 I/O 接口

数字量 I/O 接口由 PDI 控制寄存器 0x140 = 4 设置，其信号如图 3-10 和表 3-10 所示。它支持不同的信号形式，通过寄存器 0x150:0x153 可以实现多种不同的配置。

接口信号中除 I/O[31:0]以外的信号称为控制/状态信号，它们分配在引脚 PDI[39:32]。如果从站使用了两个以上的物理通信端口，PDI[39:32]不能用作 PDI 信号，即控制/状态信号无效。此时，可以通过配置引脚 CTRL_STATUS_MOVE 将 PDI[23:16]或 PDI[15:8]分配为控制/状态信号。

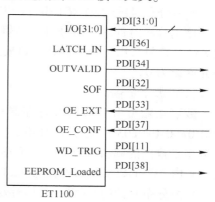

图 3-10　数字量 I/O 信号示意图

表 3-10　数字量 I/O 信号功能

信　　号	方　　向	描　　述	信 号 极 性
I/O[31:0]	IN/OUT/BIDIR	输入/输出或双向数据	
LATCH_IN	IN	外部数据锁存信号	高电平有效
OUTVALID	OUT	输出数据有效/输出事件	高电平有效
SOF	OUT	帧起始	高电平有效
OE_EXT	IN	输出使能	高电平有效
OE_CONF	IN	输出使能配置	
WD_TRIG	OUT	看门狗触发	高电平有效
EEPROM_Loaded	OUT	PDI 有效，EEPROM 数据正确装载	高电平有效

数字量输入和输出信号在 ET1100 存储空间的映射地址如表 3-11 所示。主站和从站通过 ECAT 帧和 PDI 接口分别读写这些存储地址来操作数字输入/输出信号。

表 3–11　数字量输入/输出信号对应的存储地址

地　　址	bit	描　　述	复 位 值
0x0F00:0x0F03	0~31	数字量 I/O 输出数据	0
0x1000:0x1003	0~31	数字量 I/O 输入数据	0

数字量输入/输出接口有以下几种应用方式。

（1）数字量输入

数字量输入保存在 ESC 芯片过程存储区的 0x1000:0x1003。使用低字节在前模式，I/O
[31:0]对应地址为 0x1000:0x1003。ESC 芯片可以使用四种方式对数字量输入值进行采样：

- 由每个帧起始位触发输入采样，用主站读 0x1000:0x1003 命令可以读到同一数据帧的
起始位所触发的输入采样值；
- 采样时间由外部输入信号 LATCH_IN 控制，ESC 芯片在每个 LATCH_IN 信号的上升沿
对输入数据采样；
- 由分布时钟的 SYNC0 事件触发输入采样；
- 由分布时钟的 SYNC1 事件触发输入采样。

使用分布时钟同步信号时，必须使能 SYNC 输出（寄存器 0x0981），但是并不一定要输
出 SYNC 信号。由于数字 I/O 接口模式下不能应答 SYNC 信号，因此 SYNC 信号的脉冲宽度
不允许设为 0。

（2）数字量输出

数字量输出由 ESC 芯片寄存器 0x0F00:0x0F03 控制，使用低字节在前模式，寄存器地
址 0x0F00:0x0F03 对应 I/O[31:0]。数字量输出对应芯片的输出，具有很快的时间响应。配
置数字量输出的刷新可以分为以下三种方式：

- 由 ECAT 数据帧对寄存器 0x0F00:0x0F03 中一个字节的写操作来触发；
- 由分布时钟的 SYNC0 事件触发；
- 由分布时钟的 SYNC1 事件触发。

使用分布时钟同步信号时，必须使能 SYNC 输出（寄存器 0x0981），但是并不一定要输出
SYNC 信号。由于数字 I/O 接口模式下不能应答 SYNC 信号，SYNC 脉冲宽度不允许设为 0。

OUTVALID 引脚提供输出刷新指示脉冲信号，即使输出数据保持不变，此信号也出现。
当输出使能 OE_EXT 为高电压时，才能在 I/O 引脚获得输出信号。

（3）双向模式

在双向模式下，所有的数据信号是双向的，输入信号通过串联电阻（推荐阻值为 4.7 kΩ）
被接入 ESC 芯片。输出信号由 ESC 芯片驱动，可以使用 OUTVALID 引脚锁存输出数据。数
字量 I/O 双向模式原理如图 3–11 所示。

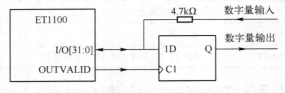

图 3–11　数字量 I/O 双向模式原理

仍然可以采用（1）和（2）中介绍的几种方式控制输入采样和输出刷新，注意避免输入/输出双向的同时触发，此时会产生错误的输出数据。

使用 OE_EXT 和 OE_CONF 引脚可以控制 I/O 引脚状态。OE_EXT 引脚设为低电压，或改变同步管理器看门狗过期后的 I/O 引脚状态：

- OE_CONF 为低电平，I/O 引脚电平被拉低；
- OE_CONF 为高电平，I/O 引脚处于高阻态。

（4）EEPROM_Loaded

在正确装载 EEPROM 之后，EEPROM_Loaded 信号指示数字量 I/O 接口可操作。使用时需要外接一个下拉电阻。

2. SPI（串行外设接口）从站接口

PDI 控制寄存器地址 0x140 = 0x05 时，ET1100 使用 SPI。它作为 SPI 从站由带有 SPI 的微处理器操作。SPI 有 5 个信号，SPI 主站与从站的互连如图 3-12 所示。表 3-12 详细描述了 SPI 中的各个信号。

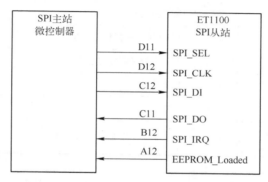

图 3-12　SPI 主站与从站互连图

由于 SPI 占用的 PDI 引脚较少，剩余的 PDI 引脚可以作为通用 I/O 引脚使用，包括 16 个通用数字量输入引脚（General Purpose Input，GPI）和 16 个通用数字量输出引脚（General Purpose Output，GPO），见表 3-5。通用数字量输入引脚对应寄存器地址的 0x0F18:0xF1F，通用数字量输出引脚对应寄存器地址的 0x0F10:0xF17。PDI 和 ECAT 帧都可以访问这些寄存器，这些引脚以非同步的刷新方式工作。

表 3-12　SPI 中的信号

信　号	方　向	描　述	信 号 极 性
SPI_SEL	IN	SPI 片选	典型配置：低电平有效
SPI_CLK	IN	SPI 时钟	
SPI_DI	IN	SPI 数据 MOSI（主机输出从机输入）	高电平有效
SPI_DO	OUT	SPI 数据 MISO（主机输入从机输出）	高电平有效
SPI_IRQ	OUT	SPI 中断	典型配置：低电平有效
EEPROM_Loaded	OUT	PDI 活动，需 EEPROM 装载正确	高电平有效

3. 并行微处理器总线接口

并行微处理器总线接口使用地址和数据总线，双向数据总线可选 8 b 或 16 b，可以使用

同步或异步两种总线操作模式，接口信号的描述如表 3-13 所示。PDI 类型的选择由寄存器
0x0140 设定，见表 3-9。图 3-13、图 3-14 和图 3-15 分别给出了几种 PDI 与微处理器连接
示例。在使用 8 b 异步微处理器总线接口时，BHE 信号和 DATA[15:8] 信号无效，但是不能
对该总线接口电路采用开路，需要接地。

表 3-13　同步/异步并行微处理器接口信号

同 步 信 号	异 步 信 号	方向	描　　述	信 号 极 性
CPU_CLK_IN	N/A	IN	接口时钟	
CS	CS	IN	片选	典型配置：低电平有效
ADR[15:0]	ADR[15:0]	IN	地址总线	典型配置：高电平有效
BHE	BHE	IN	高字节有效（只用于 16 bit 微处理器）	典型配置：低电平有效
TS	RD	IN	TS：传输周期启动 RD：读操作	典型配置：低电平有效
RD/nWR	WR	IN	读/写操作	
DATA[15:0]	DATA[15:0]	双向	16 bit 微处理器数据总线	高电平有效
DATA[8:0]	DATA[8:0]	双向	8 bit 微处理器数据总线	高电平有效
TA	BUSY	OUT	传输应答	典型配置：低电平有效
IRQ	IRQ	OUT	中断	典型配置：低电平有效
EEPROM_Loaded	EEPROM_Loaded	OUT	PDI 活动，需 EEPROM 装载正确	高电平有效

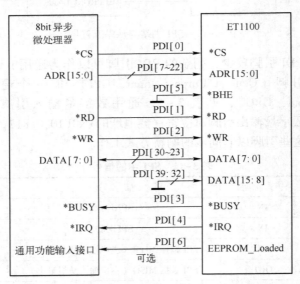

图 3-13　8 bit 异步微处理器与 ET1100 的数据接口

4. 物理通信端口引脚和 PDI 引脚的配置

由 ET1100 引脚定义表 3-5 可知，通过 PDI 功能引脚和物理端口 2 与 3 的引脚复用，可

以获得芯片规模和功能的最佳组合。端口 0 和 1 的引脚与 PDI 引脚无关。表 3-14 总结了 PDI 类型和通信端口使用的组合配置情况。

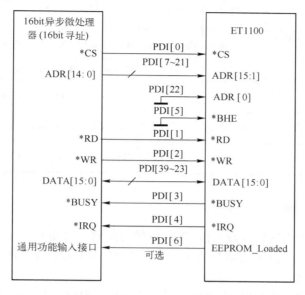

图 3-14　16 bit 异步微处理器与 ET1100 的数据接口

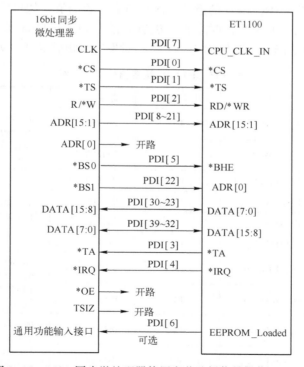

图 3-15　16 bit 同步微处理器使用字节选择信号操作 ET1100

表 3-14　PDI 类型和通信端口的组合配置

PDI 配置 端口使用配置	异步微处理器	同步微处理器	SPI	数字量 I/O CTLR_STATUS_MOVE	
				0	1
2 个端口（0 和 1）或 3 个端口，并且端口 2 使用 EBUS 接口	8 bit 或 16 bit	8 bit 或 16 bit	SPI+32 bit GPI/O	32 bit I/O+控制/状态信号	
3 个端口，都使用 MII 接口	8 bit	8 bit	SPI+24 bit GPI/O	32 bit I/O	24 bit I/O+控制/状态信号
4 个端口，至少 2 个使用 EBUS 接口	不可用	不可用	SPI+16 bit GPI/O	24 bit I/O+控制/状态信号	
4 个端口，其中 3 个 MII 接口，一个 EBUS 接口	不可用	不可用	SPI+16 bit GPI/O	24 bit I/O	16 bit I/O+控制/状态信号
4 个端口都是 MII 接口	不可用	不可用	SPI+8 bit GPI/O	16 bit I/O	8 bit I/O+控制/状态信号

3.2.4　配置信号引脚

配置信号引脚在上电时作为输入由 ET1100 锁存配置信号信息。上电之后，这些引脚都有分配的操作功能，必要时引脚信号方向也可以改变。RESET 信号指示上电配置完成。所有配置信号引脚的情况如表 3-15 所示。

这些引脚外接上拉或下拉电阻。外接下拉电阻时，配置信号为 0；使用上拉电阻时，配置信号为 1。EEPROM_SIZE/RUN、P_CONF[0~3]/LinkAct(0~3) 等配置信号引脚也可以作为状态输出引脚而外接 LED，LED 的极性取决于需要配置的值。如果配置信号为 1，需要外接上拉电阻，引脚输出为 0（低）时发光二极管导通，如图 3-16a 所示。如果配置信号为 0，引脚需要外接下拉电阻，引脚输出为 1（高）时发光二极管导通，如图 3-16b 所示。

表 3-15　ET1100 配置信号引脚介绍

描　　述	配置信号	引脚编号	寄存器映射	设　定　值
端口模式	P_MODE[0]	L2	0x0E00[0]	00=两个端口（0 和 1） 01=3 个端口（0、1 和 2） 10=3 个端口（0、1 和 3） 11=4 个端口（0、1、2 和 3）
	P_MODE[1]	M1	0x0E00[1]	
端口配置	P_CONF[0]	J12	0x0E00[2]	0=EBUS 1=MII
	P_CONF[1]	L1	0x0E00[3]	
	P_CONF[2]	E3	0x0E00[4]	
	P_CONF[3]	C2	0x0E00[5]	
CPU 时钟输出模式，即 PDI[7]/CPU_CLK 引脚的模式	CLK_MODE[0]	J11	0x0E00[6]	00=off 01=25 MHz 10=20 MHz 11=10 MHz
	CLK_MODE[0]	K2	0x0E00[7]	
TX 相位偏移	C25_SHI[0]	L7	0x0E01[0]	00=无 MII TX 信号延迟 01=MII TX 信号延迟 10 ns 10=MII TX 信号延迟 20 ns 11=MII TX 信号延迟 30 ns
	C25_SHI[1]	M7	0x0E01[1]	
CLK25OUT2 输出使能	C25_ENA	L8	0x0E01[2]	0=不使能 1=使能

描　　述	配 置 信 号	引 脚 编 号	寄存器映射	设 　定 　值
透明模式使能	TRANS_MODE_ENA	L3	0x0E01［3］	0=常规模式 1=使能透明模式
I/O 控制/状态信号转移	CTRL_STATUS_MOVE	E2	0x0E01［4］	0=I/O 无控制状态引脚转移 1=I/O 控制状态引脚转移
PHY 地址偏移	PHYAD_OFF	C3	0x0E01［5］	0=PHY 地址使用 1~4 1=PHY 地址使用 17~20
链接有效信号极性	LINKPOL	K11	0x0E01［6］	0=LINK_MII(x)低电平有效 1= LINK_MII(x)高电平有效
保留	RESERVED	B2	0x0E01［7］	
EEPROM 容量	EEPROM SIZE	H11	0x0502［7］	0=单字节地址 （16 kbit） 1=双字节地址 （32 kbit~4 Mbit)

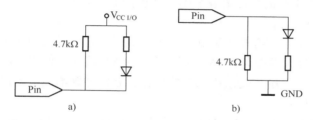

图 3-16　LED 双功能引脚连接
a）配置信号=1　b）配置信号=0

3.2.5　其他引脚

表 3-16 列出了 ET1100 的其他引脚的功能，时钟源引脚的应用见 3.2.2 小节的部分，本节对复位和电源引脚做详细介绍。

表 3-16　ET1100 的其他引脚介绍

描　　述	引 脚 名 称	编　号	方　向	功　　能
时钟源	OSC_IN	G12	I	时钟源输入，外接晶体或振荡器
	OSC_OUT	F12	O	时钟源，外接晶体
EEPROM 接口	EEPROM_CLK	G11	BD	EEPROM 接口 I²C （Inter - Integrated, CirCuit, 集成电路总线) 通信时钟
	EEOROM_DATA	F11	BD	EEPROM 接口 I²C 通信数据
MII 管理	MI_CLK/LINKPOL	K11	BD	PHY 管理接口时钟
	MI_DATA	K12	BD	PHY 管理接口数据
复位信号	RESET	H12	BD	内部复位状态输出信号或外部复位控制信号输入
测试模式	TESTMODE	H3	I	为测试保留，应接地
电源引脚	见表 3-6			供电

1. 复位引脚

RESET 是集电极开路输入/输出信号，表示 ET1100 的复位状态，以下三种情况可以引起 ET1100 内部复位：

1）在上电之后进入复位状态；

2）供电电压过低；

3）由写复位寄存器 0x0040 触发一次复位。

在 3 个连续的数据帧中向寄存器 0x0040 写入 0x52（'R'）、0x45（'E'）和 0x53（'S'）之后，触发一次复位。读出值表示了复位的过程，写入 0x52 后读到 0x01，写入 0x45 和 0x53 后读到 0x02，其余为 0。

内部复位时 RESET 信号可以用于复位其他外围芯片，例如以太网 PHY 芯片。RESET 信号由外部设备拉低时 ET1100 也进入复位状态。RESET 引脚连接如图 3-17 所示。

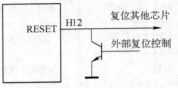

图 3-17 RESET 引脚连接图

2. ET1100 电源引脚

表 3-6 列出了 ET1100 的全部电源引脚，共包括三种类型：

（1）I/O 信号电源 $V_{CC\,I/O}$

$V_{CC\,I/O}$ 的电压直接决定所有输入和输出信号的电平，它可以使用 3.3 V 或 5 V 供电。使用 3.3 V 供电时，I/O 信号电平即为 3.3 V，不允许使用 5 V 输入。使用 5 V 供电时，I/O 信号电平即为 5 V。所有的 $V_{CC\,I/O}$ 和 $GND_{I/O}$ 引脚都要连接，必须并联滤波电容以稳定电压。

（2）逻辑内核电源 $V_{CC\,Core}$

ET1100 的逻辑内核要求 2.5 V 供电，既可以由内部 LDO（Low Dropout Regulator，低压差线性稳压器）产生，也可以外供。内部 LDO 使用 $V_{CC\,I/O}$ 作为电源。在这两种情况下 $V_{CC\,Core}/GND_{Core}$ 之间必须并联滤波电容以稳定电压。

当外供内核电压（$V_{CC\,Core}$）高于内部 LDO 输出电压时 LDO 停止供电。所以使用外部电源提供 $V_{CC\,Core}$ 时，必须比内部 LDO 额定输出电压至少高出 0.1 V，以使 LDO 停止输出。使用内部 LDO 会增加 ET1100 耗电。

（3）PLL（Phase Locked Loop，锁相回路）电源 $V_{CC\,PLL}$

$V_{CC\,PLL}$ 与 $V_{CC\,Core}$ 功能相同，ET1100 供电连接如图 3-18 所示。

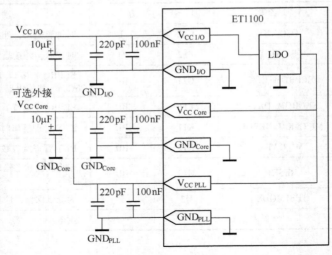

图 3-18 ET1100 供电连接

3.3　ESC 数据链路控制

3.3.1　ESC 数据帧处理

每个 ESC 可以最多支持 4 个数据收发端口，每个端口都可以处在打开或闭合状态。如果端口打开，则可以向其他 ESC 发送数据帧或从其他 ESC 接收数据帧。一个闭合的端口不会与其他 ESC 交换数据帧，它在内部将数据帧转发到下一个逻辑端口，直到数据帧到达一个打开的端口。ESC 内部数据帧传输顺序如图 3-19 所示。

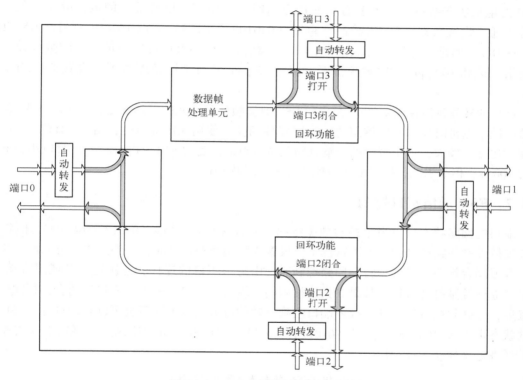

图 3-19　ESC 内部数据帧传输顺序

数据帧在 ESC 内部的处理顺序取决于所使用的端口数目，如表 3-17 所示。在 ESC 内部经过数据帧处理单元的方向称为"处理"方向，其他方向称为"转发"方向。数据帧必须由从站的端口 0 进入从站，所以在设计硬件和连接从站时，必须使用端口 0。

表 3-17　数据帧处理顺序

端　口　数	数据帧处理顺序
2	0→数据帧处理单元→1/1→0
3	0→数据帧处理单元→1/1→2/2→0 或 0→数据帧处理单元→3/3→1/1→0
4	0→数据帧处理单元→3/3→1/1→2/2→0

ESC 支持 EtherCAT、UDP/IP 和 VLAN（Virtual Local Area Network）数据帧类型。ESC 能处理包含 EtherCAT 数据子报文的 EtherCAT 数据帧和 UDP/IP 数据帧，也能处理带有 VLAN 标记的数据帧，虽然 VLAN 设置被忽略但 VLAN 标记不被修改。

由于 ET1100、ET1200 和 EtherCAT 从站没有 MAC 地址和 IP 地址，它们只能支持直连模式，或使用管理型的交换机实现开放模式，由交换机中的端口地址来识别不同的 EtherCAT 网段。

ESC 修改了标准以太网的数据链路（Data Link，DL），数据帧由 ESC 直接进行转发处理，从而获得最小的转发延时和最短的周期时间。为了降低延迟时间，ESC 省略对 FIFO 的发送。但是，为了隔离接收时钟和处理时钟，ESC 使用了接收 FIFO（RX FIFO）。RX FIFO 的值取决于数据接收方和数据发送方的时钟源精度，以及最大的数据帧字节数。主站可以通过设置数据链路 DL 控制寄存器（0x0100:0x0103）的位 16～18 来调整 RX FIFO（表 3-18），但是不允许完全取消 RX FIFO。默认的 RX FIFO 可以满足以太网数据帧字节数的最大值和 100 ppm 的时钟源精度。使用 25 ppm 的时钟源精度时可以设置 RX FIFO 为最小。

ESC 的转发延时由 RX FIFO 大小和 ESC 数据帧处理单元的延迟决定，而 EtherCAT 从站的数据帧传输延时还与它所使用的物理层器件相关：使用 MII 接口时，由于 PHY 芯片的接收和发送延时较大，一个端口的传输延时约为 500 ns；使用 EBUS 接口时，延时较小，通常约为 100 ns，但是 EBUS 接口最大只能传输 10 m 的距离。

3.3.2　ESC 通信端口控制

端口的回路状态可以由主站写数据链路（DL）控制寄存器（0x0100:0x0103）来控制。ESC 支持强制回路控制和自动回路控制。设置为强制回路控制时，不管连接状态如何，将强制打开或闭合端口。设置为自动回路控制时，由每个端口的连接状态决定打开或闭合端口，如果建立连接则打开端口，如果失去连接则闭合端口。端口失去连接而自动闭合，再次建立连接后，它必须被自动打开，或者端口收到有效的以太网数据帧后也可以自动打开。ESC 端口的状态可以从 DL 状态寄存器（0x0110:0x0111）中读取。DL 控制寄存器和 DL 状态寄存器的详细定义如表 3-18 所示。

表 3-18　ESC 数据链路层控制和状态

地　址	位	名　称	描　述	复位值
0x0100:0x0103（DL 控制寄存器）	0～31	DL 控制	ESC 数据链路层通信控制	
	0	转发规则	0：处理 EtherCAT 数据帧，对非 EtherCAT 数据帧只转发而不处理； 1：处理 EtherCAT 数据帧，并设置源 MAC 地址为本地管理地址（MAC 地址中字节 0 = 0x02）消除非 EtherCAT 帧	1
	1	暂时使用 0x101 配置	0：永久使用； 1：使用大约 1 s，然后恢复为之前的配置	0
	2～7	保留		

地　　　址	位	名　　称	描　　述	复位值
0x0100:0x0103 （DL 控制寄存器）	8:9	端口 0 环路控制	00：自动，链路断开时闭合，链路连接时打开； 01：自动闭合，链路断开时闭合，链路连接时写入 0x01 后打开； 10：无论链路状态如何，都打开； 11：无论链路状态如何，都闭合	00
	10:11	端口 1 环路控制		00
	12:13	端口 2 环路控制		00
	14:15	端口 3 环路控制		00
	16:18	RX FIFO 值	ESC 在 FIFO 至少半满之后才开始转发数据帧，不同的 RX FIFO 值对应 RX 延时减小的量值： Value　　EBUS　　　MII 0　　　−50 ns　　−40 ns 1　　　−40 ns　　−40 ns 2　　　−30 ns　　−40 ns 3　　　−20 ns　　−40 ns 4　　　−10 ns　　无变化 5　　　无变化　　无变化 6　　　无变化　　无变化 7　　　默认值　　默认值	7
	19	EBUS 抖动	0：正常抖动； 1：降低抖动	0
	20~23	保留		0
	24	站点别名	0：忽略站点别名； 1：所有配置地址寻址使用别名	0
	25~31	保留		0
0x0110:0x0111 （DL 状态寄存器）	0~15	DL 状态	ESC 数据链路状态	
	0	PDI 可操作	0：没有装载 EEPROM，PDI 不可操作，不可访问过程数据存储区； 1：正确装载 EEPROM，PDI 可操作，可以访问过程数据存储区	0
	1	PDI 看门狗状态	0：看门狗过期 1：看门狗已重装载	0
	2	增强的链接检测功能	0：没有激活； 1：激活	EEPROM
	3	保留		0
	4	端口 0 物理链接	0：无链接； 1：检测到链接； MII：对应于 LINK_MII 信号； EBUS：链接检测结果	0
	5	端口 1 物理链接		0
	6	端口 2 物理链接		0
	7	端口 3 物理链接		0
	8	端口 0 环路状态	0：打开，数据帧在此端口离开所在的 ESC； 1：闭合，数据帧被转发到内部的下一端口	0
	9	端口 0 通信	0：无稳定的通信； 1：建立了通信	0
	10	端口 1 环路状态	0：打开，数据帧在此端口离开所在的 ESC； 1：闭合，数据帧被转发到内部的下一端口	0
	11	端口 1 通信	0：无稳定的通信； 1：建立了通信	0
	12	端口 2 环路状态	0：打开，数据帧在此端口离开所在的 ESC； 1：闭合，数据帧被转发到内部的下一端口	0
	13	端口 2 通信	0：无稳定的通信； 1：建立了通信	0
	14	端口 3 环路状态	0：打开，数据帧在此端口离开所在的 ESC； 1：闭合，数据帧被转发到内部的下一端口	0
	15	端口 3 通信	0：无稳定的通信； 1：建立了通信	0

通信端口由主站控制，从站微处理器不操作数据链路。端口被使能，而且满足以下任一条件时，端口将被打开。

- DL 控制寄存器中设置端口为自动时，端口上有活动的连接；
- DL 控制寄存器中回路设置为自动闭合时，端口上建立连接，并且向寄存器 0x0100 相应控制位再次写入 0x01；
- DL 控制寄存器中回路设置为自动闭合时，端口上建立连接，并且收到有效的以太网数据帧；
- DL 控制寄存器中回路设置为常开。

满足以下任一条件时，端口将被闭合：

- 端口不可用，或者没有被使能；
- DL 控制寄存器中回路设置为自动时，端口上没有活动的连接；
- DL 控制寄存器中回路设置为自动闭合时，端口没有活动的连接，或者建立连接后没有向相应控制位再次写入 0x01；
- DL 控制寄存器中回路设置为常闭。

所有的端口不管是因为强制或自动而处于闭合状态时，端口 0 都将打开作为恢复端口。可以通过这个端口实现读/写操作，以便改正 DL 控制寄存器的设置。此时 DL 状态寄存器仍然反映正确的状态。

3.3.3 数据链路错误检测

ESC 在两个功能块中检测 EtherCAT 数据帧错误，这两个功能块是自动转发模块和 EtherCAT 数据帧处理单元。自动转发模块能检测到的错误有：物理层接收（RX）错误、数据帧过长、CRC 校验错误、数据帧无以太网起始符 SOF（Start Of Frame）；EtherCAT 数据帧处理单元可以检测到的错误有：物理层接收（RX）错误、EtherCAT 数据帧长度错误、数据帧过长、数据帧过短、CRC（循环冗余校验）检验错误、非 EtherCAT 数据帧（如果 0x100.0 = 1）。

ESC 寄存器中数据链路错误计数器用来帮助监测和定位错误，如表 3-19 所示。所有计数器的最大值都为 0xFF，计数达到 0xFF 后停止，不循环计数，必须由写操作来清除。某些错误将在多个寄存器中被计数，例如：在端口 0 收到的一个物理层 RX 错误将在寄存器 0x0300、0x0301 和 0x030C 中计数，端口 0 收到的一个转发错误将在寄存器 0x0308 和 0x030C 中计数。

表 3-19 数据链路错误计数器

地　　址	bit	名　　称	描　　述	复位值
0x0300+i * 2	0~7	端口 i 无效帧计数	由当前 ESC 首先发现的错误计数，包括 RX 错误。计数达到 0xFF 后停止，写接收错误计数器 0x0300：0x030B 中的任意一个后清除计数器当前值	0
0x0301+i * 2	0~7	端口 i 物理层接收（RX）错误计数	计数达到 0xFF 后停止，接收错误直接与 MII 或 EBUS 接口的 RX_ERR 信号相关，写接收错误计数器 0x0300:0x030B 中的任意一个后清除计数器当前值	0

地　址	bit	名　称	描　述	复位值
0x0308+i	0~7	端口 i 的转发错误计数	被之前的 ESC 标记过的无效数据帧计数。计数达到 0xFF 后停止，写接收错误计数器 0x0300:0x030B 中的任意一个后清除计数器当前值	0
0x030C	0~7	数据帧处理单元错误计数	对经过处理单元的错误帧计数，如 FCS 错误、子报文结构错误等，计数达到 0xFF 后停止，用写操作清除其中的值	0
0x030D	0~7	PDI 错误计数	对 PDI 操作出现的接口错误计数，计数达到 0xFF 后停止，用写操作清除其中的值	
0x0310+i	0~7	端口 i 链接丢失计数	只有端口处于"自动"或"自动闭合"状态时才计数，计数值达到 0xFF 后停止，写 0x310:0x313 中的任意一个有效的寄存器将清除所有值	

ESC 可以区分首次发现的错误和之前 ESC 已经检测到的错误，可以对接收错误计数器和转发错误计数器后进行分析进行错误定位。第一个设备检测到错误后进行错误计数（0x0300:0x0307），并在无效的 CRC 之后添加一个额外的字节以进行错误标记。后续设备检测到 CRC 错误和一个附加标记字节后，会增加转发错误计数器的值，而不会增加正常端口错误计数器值。

3.3.4　ESC 数据链路地址

EtherCAT 协议规定使用设置寻址时，有两种从站地址模式，表 3-20 列出了两种设置站点地址所使用的寄存器。

表 3-20　ESC 数据链路地址寄存器

地　址	bit	名　称	描　述	复　位　值
0x0010:0x0011	0~15	设置站点地址	设置寻址所使用的地址（用 FPRD、FPWR 和 FPRW 命令）	0
0x0012:0x0013	0~15	设置站点地址别名	设置寻址所使用地址的别名，是否使用这个别名取决于 DL 控制寄存器 0x0100:0x0103 的 bit 24	0，保持该复位值直到对 EEPROM 地址 0x0004 首次载入数据

（1）由主站在数据链路启动阶段配置给从站

主站在初始化状态时，使用 APWR 命令写从站寄存器 0x0010:0x0011，为从站设置一个与连接位置无关的地址，在后续的运行过程中可使用此地址访问从站。

（2）由从站在上电初始化的时候从自身的配置数据存储区装载

每个 ESC 都配有 EEPROM 存储配置数据，其中包括一个站点别名。ESC 在上电初始化时自动装载 EEPROM 中的数据，将站点别名装载到寄存器 0x0012:0x0013 中。主站在链路启动阶段使用顺序寻址命令 APRD 读取各个从站相应设置地址的别名，并在后续运行中使用。使用别名之前，主站还需要设置 ESC 中 DL 控制寄存器 0x0100:0x0103 的位 24 等于 1，通知从站将使用站点别名进行设置地址寻址。

使用从站别名可以保证即使网段拓扑改变或者添加或取下设备时，从站设备仍然可以使用相同的设置地址。

3.3.5 逻辑寻址控制

EtherCAT 子报文可以使用逻辑寻址方式访问 ESC 内部存储空间，ESC 使用 FMMU 通道实现逻辑地址的映射。逻辑寻址和 FMMU 的原理见 2.3.3 节。每个 FMMU 通道使用 16 个字节配置寄存器，从 0x0600 开始。表 3-21 详细解释了 FMMU 通道配置寄存器的含义。

表 3-21　FMMU 通道配置寄存器

偏移地址	bit	名　称	描　述	复位值
+0x0：0x3	0~31	数据逻辑起始地址	在 EtherCAT 地址空间内的逻辑起始地址	0
+0x4：0x5	0~15	数据长度（字节数）	从第一个逻辑 FMMU 字节到最后一个逻辑 FMMU 字节的偏移量+1，如使用了 2 B，则取值为 2	0
+0x6	0~2	数据逻辑起始位	应该影射的逻辑起始位，从最低有效位（0）到最高有效位（7）计数	0
	3~7	保留		
+0x7	0~2	数据逻辑终止位	应该映射的最后一位，从最低有效位（=0）到最高有效位（=7）计数	0
	3~7	保留		
+0x8：0x9	0~15	从站物理内存起始地址	物理起始地址，映射到逻辑起始地址	0
+0xA	0~2	物理内存起始位	物理起始位，映射到逻辑起始位	0
	3~7	保留		
+0xB	0	读操作控制	0：无读访问映射 1：使用读访问映射	0
	1	写操作控制	0：无写访问映射 1：使用写访问映射	
	2~7	保留		
+0xC	0	激活	0：不激活 FMMU 1：激活 FMMU，FMMU 检查映射配置所对应的逻辑地址块	0
	1~7	保留		
+0xD：+0xF	0~23	保留		0

3.4　ESC 应用层控制

3.4.1　状态机控制和状态

表 3-22 列出了从站状态机控制和状态寄存器。主站和从站按照以下规则执行状态转化：

1）主站要改变从站状态时，将目的状态写入从站 AL 控制位（0x0120.0~3）；

2）从站读取到新状态请求之后，检查自身状态；

● 如果可以转化，则将新的状态写入从站状态机实际状态位（0x0130.0~3）；

● 如果不能转化，则不改变实际状态位，设置 AL 错误指示位（0x0130.4），并将错误码写入 AL 状态码位 （0x0134:0x0135）。

3）主站读取状态机实际状态 （0x0130）；

● 如果状态转化正常，则执行下一步操作；

● 如果状态转化出错，主站读取错误码，并通过写 AL 错误应答 （0x0120.4）来清除 AL 错误指示。

表 3-22 从站状态机控制和状态寄存器

地　址	bit	名　称	描　述	复位值
0x0120:0x0121	0~3	AL 控制位	发起从站状态机的状态切换。 1：请求初始化状态； 2：请求预运行状态； 3：请求 Bootstrap 状态； 4：请求安全运行状态； 8：请求运行状态	1
	4	AL 错误应答	0：无错误应答； 1：应答 AL 状态寄存器中的错误	0
	5~15	保留		0
0x0130:0x0131	0~3	从站状态机实际状态	1：初始化状态； 3：Bootstrap 状态； 2：预运行状态； 4：安全运行状态； 8：运行状态	1
	4	AL 错误指示	0：从站处在所请求的状态或标志被清除	0
	5:15	保留		0
0x0134:0x0135	0:15	AL 状态码	应用层状态，呈示其是否有错误及相应的错误代码	0

使用微处理器 PDI 接口时，AL 控制寄存器由握手机制操作。ECAT 帧写 AL 控制寄存器后，PDI 必须执行一次，否则 ECAT 帧不能继续写操作。只有在复位后 ECAT 帧才能恢复写 AL 控制寄存器。PDI 接口为数字量 I/O 时，从站没有从外部微处理器读 AL 控制寄存器，此时主站设置设备模拟位 0x0140.8＝1 （表 3-9），ESC 将自动复制 AL 控制寄存器的值到 AL 状态寄存器。AL 状态码的定义如表 3-23 所示。表中 "+E" 表示设置了 AL 错误指示位 （0x0130.4）。

表 3-23 AL 状态码定义

编　码	描　述	发生错误的当前 状态或状态改变	结果状态
0x0000	无错误	任意状态	当前状态
0x0001	未知错误	任意状态	任意状态+E
0x0002	从站本地应用内存耗尽	任意状态	任意状态+E
0x0003	设备的安装无效，表示 EtherCAT 从站中应用相关的设置无效，如总线耦合器上没有安装物理模块	P->S	P+E
0x0006	SII/EEPROM 中的信息与固件程序不符	I->P	I+E
0x0007	固件更新不成功，旧的固件仍然运行	B	B

编 码	描 述	发生错误的当前状态或状态改变	结果状态
0x000E	ESC IP-Core 授权错误	任意状态	I+E
0x0011	无效的状态改变请求	I->S, I->O, P->O, O->B, S->B, P->B	当前状态+ E
0x0012	未知的状态请求	任意状态	当前状态+E
0x0013	不支持引导状态	I->B	I+E
0x0014	固件程序无效	I->P	I+E
0x0015	无效的邮箱配置	I->B	I+E
0x0016	无效的邮箱配置	I->P	I+E
0x0017	无效的 SM 通道配置	P->S, S->O	当前状态+ E
0x0018	无有效的输入数据	O, S, P->S	P+E
0x0019	无有效的输出数据	O, S->O	S+E
0x001A	同步错误	O, S->O	S+E
0x001B	SM 看门狗	O, S	S+E
0x001C	无效的 SM 类型	O, S P->S	S+E P+E
0x001D	无效的输出配置	O, S P->S	S+E P+E
0x001E	无效的输入配置	O, S, P->S	P+E
0x001F	无效的看门狗配置	O, S, P->S	P+E
0x0020	从站需要冷启动	任意状态	当前状态+ E
0x0021	从站需要 Init 状态	B, P, S, O	当前状态+ E
0x0022	从站需要 Pre-Op	S, O	S+E, O+E
0x0023	从站需要 Safe-Op	O	O+E
0x0024	输入过程数据映射无效	P->S	P+E
0x0025	输出过程数据映射无效	P->S	P+E
0x0026	设置不一致	P->S	P+E
0x0027	不支持自由运行（freerun）模式	P->S	P+E
0x0028	不支持同步模式	P->S	P+E
0x0029	自由运行模式需要 3 个缓存区模式	P->S	P+E
0x002A	背景程序看门狗超时	S, O	P+E
0x002B	无有效的输入和输出数据	O, S->O	S+E
0x002C	致命的同步错误，SYNC0 或 SYNC1 停止	O	S+E
0x002D	在从 SAFEOP 转换到 OP 之前，从站在等待接收 SYNC 信号，如果在设置的时间之内未能接收到 SYNC 信号，则转换失败	S->O	S+E
0x002E	周期时间太短		
0x0030	无效的 DC SYNC 配置	O, S	S+E

编　码	描　述	发生错误的当前 状态或状态改变	结果状态
0x0031	无效的 DC 锁存配置	O, S	S+E
0x0032	PLL 错误	O, S	S+E
0x0033	无效的 DC I/O 错误	O, S	S+E
0x0034	无效的 DC 超时错误	O, S	S+E
0x0035	DC 模式 SYNC 周期时间无效	P->S	P+E
0x0036	DC 模式 SYNC0 周期时间不符合应用要求	P->S	P+E
0x0037	DC 模式 SYNC1 周期时间不符合应用要求	P->S	P+E
0x0041	AOE 邮箱通信错误	B, P, S, O	当前状态+ E
0x0042	EOE 邮箱通信错误	B, P, S, O	当前状态+ E
0x0043	COE 邮箱通信错误	B, P, S, O	当前状态+ E
0x0044	FOE 邮箱通信错误	B, P, S, O	当前状态+ E
0x0045	SOE 邮箱通信错误	B, P, S, O	当前状态+ E
0x004F	VOE 邮箱通信错误	B, P, S, O	当前状态+ E
0x0050	没有给 PDI 分配 EEPROM	任意状态	任意状态+E
0x0051	EEPROM 访问出错	任意状态	任意状态+E
0x0052	外部硬件未就绪，EtherCAT 从站因为与另外一个外部设备或信号连接的丢失而无法进行状态转换	任意状态	任意状态+E
0x0060	从站本地重新启动	任意状态	I
0x0061	设备的标识值被改动	P	P+E
0x0070	检测到的模块标识符列表（0xF050）与所设置的列表（0xF030）不匹配	P->S	P+E
0x00F0	本地应用释放了应用控制器，它可以用于 EtherCAT状态机和其他设备特性控制； 这个代码适用于设备中 ESC 和应用控制器使用不同的电源，而且设备无法定义最大的 I->P 转换超时时间； 应用场景可以是：如果 ESC 在应用控制器之前通电，主站可以用这个"Err Indication"来表示从站已经做好准备可以启动了	I->P	P

3.4.2　中断控制

ESC 支持两种类型的中断：给本地微处理器的 AL 事件请求中断和给主站的 ECAT 帧中断。另外，分布时钟的同步（SYNC）信号也可以用作微处理器的中断信号。表 3-24 列出了 ESC 中断控制使用的寄存器。

（1）PDI 中断

所有发生的 AL 事件请求都被映射到寄存器 0x0220:0x0223 中，由事件屏蔽寄存器 0x0204:0x0207 决定哪些事件将触发微处理器的中断而产生中断信号 IRQ。微处理器响应中断后，在中断服务程序中读取 AL 事件请求寄存器，根据所发生的事件做相应的处理。

表 3-24 ESC 中断控制寄存器

地 址	bit	名 称	描 述	复位值
0x0200:0x0201	0~15	ECAT 帧中断屏蔽	ECAT 帧中断请求是否映射到状态位, 位定义同 ECAT 帧中断请求寄存器 0x0210:0x0211	0
0x0204:0x0207	0~31	AL 事件中断请求屏蔽	AL 事件请求寄存器是否映射到 PDI 中断信号 *IRQ (B12) 引脚, 位定义同 AL 中断请求寄存器 0x0220:0x0223 0: 没有映射到相应的中断请求位 1: 映射到相应的中断请求位	0x00FF: 0xFF0F
0x0210:0x0211	0~15	ECAT 帧中断请求		
	0	锁存事件	0: 无新锁存事件; 1: 锁存事件发生; 读取锁存时间寄存器中的一个字节可清除此位	0
	1	保留		
	2	DL 状态事件	0: DL 状态无变化; 1: DL 状态发生变化; 通过读 DL 状态寄存器来清除	0
	3	AL 状态事件	0: AL 状态无变化; 1: AL 状态发生变化; 通过读 AL 状态寄存器来清除	0
	4, 5, ⋮ 11	SM 通道状态镜像值	0: 无同步管理器通道事件发生; 1: 有 SM 通道事件发生	0
	12~15	保留		
0x0220:0x0223	0~15	AL 事件请求		
	0	AL 控制事件	0: AL 控制寄存器无变化; 1: 主站写 AL 控制寄存器	0
	1	锁存事件	0: LATCH 中输入无变化; 1: LATCH 中输入至少改变一次	0
	2	SYNC0 状态	0x0151.3=1 时有效, 通过读 SYNC0 状态寄存器 0x098E.0 来清除	0
	3	SYNC1 状态	0x0151.4=1 时有效, 通过读 SYNC1 状态寄存器 0x098F.0 来清除	0
	4	SM 通道激活寄存器变化	0: 无变化; 1: 至少一个 SM 通道发生变化; 通过读 SM 激活寄存器来清除	0
	5~7	保留		
	8, 9, ⋮ 23	SM 通道状态镜像值	SM 通道 0 到 SM 通道 15 状态位的映射 0: 无 SM 通道事件发生 1: 有 SM 通道事件发生	
	24~31	保留		

（2）ECAT 帧中断

ECAT 帧中断用来将从站发生的 AL 事件通知给 EtherCAT 主站。它使用 EtherCAT 子报文头中的状态位（图 2-6）传输 ECAT 帧中断请求寄存器 0x0210:0x0211。ECAT 帧中断屏蔽寄存器 0x0200:0x0201 决定哪些事件会被写入状态位并发送给主站。

（3）SYNC 信号中断

同步信号可以映射到 IRQ 信号而触发中断，此时同步引脚可以用作 LATCH 输入引脚，IRQ 信号约有 40 ns 的抖动，同步信号约有 12 ns 的抖动。所以也可以将 SYNC 信号直接接到微处理器的中断引脚，使微处理器快速响应同步信号中断。

3.4.3 看门狗控制

ESC 支持两种内部看门狗：监测过程数据刷新的过程数据看门狗和监测 PDI 运行的 PDI 看门狗。表 3-25 列出了看门狗控制相关寄存器。

表 3-25　ESC 看门狗相关寄存器

地　　址	bit	名　　称	描　　述	复位值
0x0110	1	PDI 看门狗状态	0：PDI 看门狗超时； 1：PDI 看门狗在运行或未使能	0
0x0400:0x0401	0~15	看门狗分频率 WD_DIV	设定看门狗分频率，如默认值 2498 = 100 μs	0x09C2
0x0410:0x0411	0~15	PDI 看门狗定时器 t_{WD_PDI}	看门狗计时单元计数值	0x03e8
0x0420:0x0421	0~15	过程数据看门狗定时器 t_{WD_PD}	看门狗计时单元计数值	0x03e8
0x0440:0x0441	0	过程数据看门狗状态	0：过程数据看门狗超时； 1：过程数据看门狗在运行或未使能	0
	1~15	保留		
0x0442	0~7	过程数据看门狗超时计数	过程数据看门狗超时则计数，达到 0xFF 时停止，写操作后可清除计数	0
0x0443	0~7	PDI 看门狗超时计数	PDI 看门狗超时则计数，达到 0xFF 时停止，写操作后可清除计数	0
0x0804+N * 8	6	SM 看门狗使能	0：不使能； 1：使能	

（1）过程数据看门狗

通过设置 SM 控制寄存器（0x0804+N * 8）的位 6 来使能相应的过程数据看门狗。设置过程数据看门狗定时器的值（0x0420:0x0421）为零将使看门狗无效。过程数据缓存区被刷新后，过程数据看门狗将重新开始计数。过程数据看门狗超时后，将触发以下操作：

- 设置过程数据看门狗状态寄存器 0x0440.0 = 0；
- 数字量 I/O PDI 接口收回数字量输出数据，不再驱动输出信号或拉低输出信号；
- 过程数据看门狗超时计数寄存器（0x0442）值增加。

（2）PDI 看门狗

一次正确的 PDI 读/写操作可以启动 PDI 看门狗重新计数。设置 PDI 看门狗定时器的值

（0x0410：0x0411）为零将使看门狗无效。PDI 看门狗超时后，将触发以下操作：
- 设置 ESC 中的 DL 状态寄存器 0x0110.1，将 DL 状态变化映射到 ECAT 帧的子报文状态位后再发送给主站；
- PDI 看门狗超时计数寄存器（0x0443）值增加。

3.5 同步管理

3.5.1 同步管理器概述

ESC 内部过程数据存储区可以用于 EtherCAT 主站与从站应用程序的数据交换，必须满足以下要求：

1) 保证数据一致性，必须由软件实现协同的数据交换；
2) 保证数据安全，必须由软件实现安全机制；
3) EtherCAT 主站和应用程序都必须轮询存储器来判断另一端是否完成访问。

ESC 使用了同步管理（SyncManager, SM）通道来保证主站与本地应用程序数据交换的一致性和安全性，并在数据状态改变时产生中断来通知双方。SM 通道把存储空间组织为一定大小的缓存区，由硬件控制对缓存区的访问。对缓存区的数量和数据交换方向可进行配置。SM 通道由主站配置，配置寄存器见表 3-26。SM 通道配置寄存器从 0x800 开始，每个通道使用 8 B，包括配置寄存器和状态寄存器。

表 3-26　SM 通道配置寄存器

偏移地址	bit	名称	描　述	复位值
+0x0：0x1	0~16	数据的物理起始地址	SM 通道处理的第一个字节在 ESC 地址空间内的起始地址	0
+0x2：0x3	0~16	SM 通道数据长度	分配给 SM 通道的数据长度，必须大于 1，否则 SM 通道将不被激活；设置为 1 时，只使能看门狗	0
+0x4	0~7	SM 通道控制寄存器		0
	0~1	运行模式	00：3 个缓存区模式； 01：保留； 10：单个缓存区模式； 11：保留	00
	2~3	方向	00：读，ECAT 帧读操作，PDI 写操作； 01：写，ECAT 帧写操作，PDI 读操作	00
	4	ECAT 帧中断请求触发	0：不使能； 1：使能	0
	5	PDI 中断请求触发	0：不使能； 1：使能	0
	6	看门狗触发	0：不使能； 1：使能	
	7	保留		

偏移地址	bit	名称	描　　述	复位值
+0x5	0~7	SM 通道状态寄存器		
	0	写中断	1：写操作成功后触发中断； 0：读第一个字节后清除	0
	1	读中断	1：读操作成功后触发中断； 0：写第一个字节后清除	0
	2	保留		
	3	单缓存区状态	单缓存区模式下表示缓存区状态， 0：缓存区空闲； 1：缓存区满	0
	4~5	3 个缓存区模式状态	3 个缓存区模式下，表示最后写入的缓冲区， 00：缓存区 1； 01：缓存区 2； 10：缓存区 3； 11：没有写入缓存区	11
	6~7	保留		
+0x6	0~7	ECAT 帧控制 SM 通道的激活		
	0	SM 使能	0：不使能，不使用 SM 通道控制对内存的访问； 1：使能，使用 SM 通道控制对内存的访问	0
	1	重复请求	请求对邮箱数据进行重复传输，主要与 ECAT 帧读邮箱数据一起使用	0
	2~5	保留		
	6	ECAT 帧访问事件锁存	0：无操作； 1：EtherCAT 主站读/写一个缓存区后产生锁存事件	
	7	PDI 访问事件锁存	0：无操作； 1：PDI 读/写一个缓存区或 PDI 访问缓存区起始地址时产生锁存事件	
+0x7	0~7	PDI 控制 SM 通道		
	0	使 SM 通道无效	读和写的含义不同。 读时，0：正常操作，SM 通道激活； 1：SM 通道无效，并锁定对内存区的访问 写时，0：激活 SM 通道； 1：请求 SM 通道无效，直到当前正在处理的数据帧结束	0
	1	重复请求应答	与重复请求位相同时，表示 PDI 对前面设置的重复请求的应答	0
	2~7	保留		0

必须从起始地址开始操作一个缓存区，否则操作被拒绝。操作起始地址之后，就可以操作整个缓存区。允许再次操作起始地址，并且可以分多次进行操作。操作缓存区的结束地址表示缓存区操作结束，随后缓存区状态改变，同时可以产生一个中断信号或看门狗触发脉冲。不允许在一个数据帧内两次操作结束地址。

EtherCAT 定义了两种 SM 通道运行模式:

(1) 缓存类型 (常用于过程数据通信)

● 使用 3 个缓存区保证可以随时接收和交付最新的数据;

● 经常有一个可写入的空闲缓存区;

● 经常有一个连续可读的数据缓存区 (在第一次写入之后)。

(2) 邮箱类型

● 使用一个缓存区,支持握手机制;

● 具备数据溢出保护;

● 只有写入新数据后才可以进行成功的读操作;

● 只有成功读取之后才允许再次写入。

3.5.2 缓存类型数据交换

缓存模式使用 3 个缓存区,允许 EtherCAT 主站和从站控制微处理器双方在任何时候访问数据交换缓存区。数据接收方可以随时得到一致的最新数据,而数据发送方也可以随时更新缓存区的内容。如果写缓存区的速度比读缓存区的速度快,旧的数据将被覆盖掉。3 个缓存区模式通常用于周期性过程数据交换。

在物理上,3 个缓存区由 SM 通道统一管理,SM 通道只配置了第 1 个缓存区的地址范围,根据 SM 通道的状态,对第 1 个缓存区的访问将被重新定向到 3 个缓存区中的一个。第 2 和第 3 个缓存区的地址范围不能被其他 SM 通道所使用。如图 3-20 所示,配置了一个 SM 通道,其起始地址为 0x1000,长度为 0x100,则 0x1100:0x12FF 的地址范围不能被直接访问,而是作为缓存区由 SM 通道来管理。

0x1000:0x10FF	缓存区1,可以直接访问
0x1100:0x11FF	缓存区2,不可以直接访问,不可以用于其他SM通道
0x1200:0x12FF	缓存区3,不可以直接访问,不可以用于其他SM通道
0x1300 …	可用存储空间

图 3-20 SM 通道缓存区分配

注:所有缓存区由 SM 通道控制,只有缓存区 1 的地址配置给 SM 通道,
并由主站和本地应用直接访问

缓存模式的运行原理如图 3-21 所示。在情况①中,缓存区 1 正在由主站数据帧写入数据,缓存区 2 空闲,缓存区 3 由从站微处理器读走数据。主站写缓存区 1 完成后,缓存区 1 和缓存区 2 交换,成为图 3-21 中情况②。从站微处理器读缓存区 3 完成后,缓存区 3 空闲,并与缓存区 1 交换,成为图 3-21 中的情况③,此时,主站和微处理器又可以分别开始写和读操作。如果 SM 通道控制寄存器 (0x0804+N * 8) 中对 ECAT 数据帧或 PDI 中断

使能，那么每次成功的读/写操作都可在 SM 通道状态寄存器 （0x0805+N＊8） 中设置中断事件请求，并将其映射到 ECAT 数据帧中断请求寄存器 （0x0210:0x0211） 和 AL 请求寄存器 （0x0220:0x0221） 中，再由相应的中断屏蔽寄存器决定是否映射到数据帧状态位或触发中断信号。

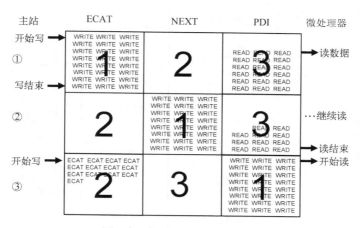

图 3-21　SM 缓存区运行原理

3.5.3　邮箱数据通信模式

邮箱模式使用一个缓存区，实现了带有握手机制的数据交换，所以不会丢失数据。只有在一端完成数据操作之后另一端才能访问缓存区。首先，数据发送方写缓存区，然后缓存区被锁定为只读，直到数据接收方读走数据。随后，发送方再次写操作缓存区，同时缓存区对接收方锁定。邮箱模式通常用于应用层非周期性数据交换，分配的这一个缓存区也称为邮箱。邮箱模式只允许以轮流方式读和写操作，实现完整的数据交换。

只有 ESC 接收的数据帧 FCS 正确时 SM 通道的数据状态才会改变，这样在数据帧结束之后缓存区状态立刻变化。

邮箱数据通信使用两个存储同步管理器通道。通常，主站到从站通信使用 SM0 通道，从站到主站通信使用 SM1 通道，它们被配置为一个缓存区模式，使用握手机制避免数据溢出。

（1）主站写邮箱操作

主站要发送非周期性数据给从站时，发送 ECAT 数据帧命令写从站的 SM0 所管理的缓存区地址，邮箱数据通信的子报文格式见 2.5.2 节。Ctr 是用于重复检测的顺序编号，针对每个新的邮箱服务其值将加 1。数据帧返回主站后，主站检查 ECAT 数据帧命令的 WKC，如果 WKC 为 1，表示写 SM0 成功，如图 3-22 中的情况①。如果 WKC 仍然为 0，表示 SM0 通道非空，从站还没有将上次写入的数据读走，主站本次写失败。等待一段时间后再重新发送相同的数据帧，并再次根据返回数据帧的 WKC 判断是否成功，如果从站在此期间读走了缓存区数据，则主站此次写操作成功，返回数据帧子报文的 WKC 等于 1，如图 3-22 中的情况②。

如果写邮箱数据帧丢失，若接收返回数据帧超时之后，主站重新发送相同数据帧。从站读取此数据之后，发现其中的计数器 Ctr 值与上次数据命令相同，表示为重复的邮箱数据。如图 3-22 中的情况③。

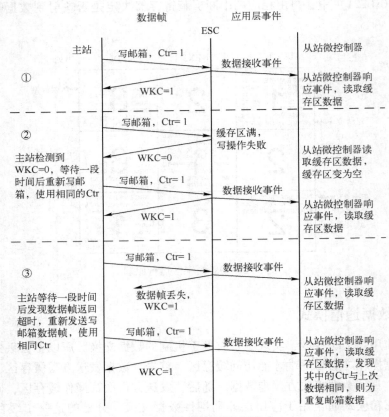

图 3-22 邮箱数据通信模式

（2）主站读邮箱操作

所有数据交换都是由主站发起的，如果从站有数据要发送给主站，必须先将数据写入发送邮箱缓存区，然后由主站来读取。主站有两种方法来检查从站是否已经将邮箱数据填入发送数据区。一种方法是将 SM1 通道配置寄存器中的邮箱状态位（0x80D.3）映射到逻辑地址中，使用 FMMU 周期性地读这一位。使用逻辑寻址可以同时读取多个从站的状态位，这种方法的缺点是每个从站都需要一个 FMMU。另一个方法是简单地轮询 SM1 通道数据区。从站已经将新数据填入数据区后这个读命令的 WKC 将加 1。

读邮箱操作可能会出现错误，主站需要检查从站邮箱命令应答报文中的 WKC。如果 WKC 没有增加（通常由于从站没有完成上一个读命令）或在限定的时间内没有响应，主站必须翻转 SM0 控制寄存器中的重复请求位（0x0806.1）。从站检测到翻转位之后，将上次的数据再次写入 SM1 数据区，并翻转 SM1 配置寄存器中 PDI 控制字节中的重发应答位（0x80E.1）。主站读到 SM1 翻转位后，再次发起读命令。读邮箱数据错误的处理如图 3-23 所示。

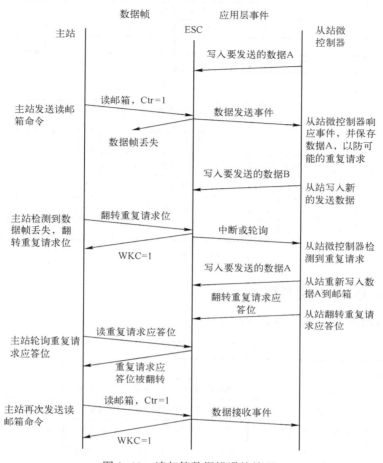

图 3-23　读邮箱数据错误的处理

3.6　从站信息接口

ESC 使用 EEPROM 来存储所需设备的相关信息，称为从站信息接口（Slave Information Interface，SII）。EEPROM 的容量为 1 KB～4 MB，取决于 ESC 的规格。其结构如图 3-24 所示，EEPROM 使用字地址，字地址 0～63 是必要的基本内容。各部分描述如下：

1）ESC 寄存器配置区，字地址 0～7，由 ESC 在上电或复位后自动读取后装入相应寄存器，并检查校验和；

2）产品标识区，字地址 8～15，包括厂商标识、产品码、版本号和序列号等；

3）硬件延时，字地址 16～19，包括端口延时和延时处理等信息；

4）引导状态下邮箱配置，字地址 20～23；

5）标准邮箱通信 SM 通道配置，字地址为 24～27。

图 3-24　EEPROM 中数据布局

3.6.1　EEPROM 中分类数据

ESC 配置区数据内容如表 3-27 所示。

表 3-27　ESC 配置区数据内容

字地址	参　数　名	描　　　　述
0	PDI 控制	PDI 控制寄存器初始值（0x0140；0x0141）
1	PDI 配置	PDI 配置寄存器初始值（0x0150；0x0151）
2	SYNC 信号脉冲宽度	SYNC 信号脉宽寄存器初始值（0x0982；0x0983）
3	扩展 PDI 配置	扩展 PDI 配置寄存器初始值（0x0152；0x0153）
4	站点别名	站点别名配置寄存器初始值（0x0012；0x0013）
5, 6	保留	保留，应为 0
7	校验和	字地址 0~6 的校验和

EEPROM 中的分类附加信息包含了可选的从站信息，有两种类型的数据：标准类型和制造商定义类型。所有分类数据都使用相同的数据结构，包括一个字的数据类型、一个字的数据长度（以字为单位）和数据内容，如图 3-25 所示。标准的分类数据类型如表 3-28 所示。

16bit	16bit	
类型名	长度	数据

图 3-25　EEPROM 中分类数据结构图

表 3-28　分类数据类型

类　型　名	数　　值	描　　　　述
STRINGS	10	文本字符串信息
General	30	设备信息
FMMU	40	FMMU 使用信息
SyncM	41	SM 通道运行模式

类 型 名	数 值	描 述
TXPDO	50	TxPDO 描述
RXPDO	51	RxPDO 描述
DC	60	分布时钟描述
End	0xffff	分类数据结束

3.6.2 EEPROM 访问控制

ESC 具有读/写 EEPROM 的功能，主站或 PDI 通过读/写 ESC 的 EEPROM 控制寄存器来读/写 EEPROM，在复位状态下由主站控制 EEPROM 的操作，之后可以移交给 PDI 控制。EEPROM 控制寄存器功能如表 3-29 所示。

表 3-29　EEPROM 控制寄存器

地址	bit	名称	描 述	复位值
0x0500	0	EEPROM 访问分配	0：ECAT 数据帧； 1：PDI	0
	1	对 PDI 操作强制释放	0：不改变 0x0501.0； 1：将 0x0501.0 复位为 0	0
	2~7	保留		0
0x0501	0	PDI 操作	0：PDI 释放 EEPROM 操作； 1：PDI 正在操作 EEPROM	0
	1~7	保留		0
0x0502；0x0503	0~15	EEPROM 控制和状态寄存器		
	0	ECAT 帧写使能	0：写请求无效； 1：使能写请求	0
	1~5	保留		
	6	支持读字节数	0：4 B； 1：8 B	ET1100：1 ET1200：1 其他：0
	7	EEPROM 地址范围	0：1 个字节（1 KB~16 KB） 1：2 个字节（32 KB~4 MB）	芯片配置引脚
	8	读命令位	读/写操作时含义不同。 写，0：无操作； 1：开始读操作； 读，0：无读操作； 1：读操作进行中	0
	9	写命令位	读/写操作时含义不同。 写，0：无操作； 1：开始写操作； 读，0：无写操作； 1：写操作进行中	0

地址	bit	名称	描　　述	复位值
0x0502:0x0503	10	重载命令位	读/写操作时含义不同。 写，0：无操作； 1：开始重载操作； 读，0：无重载操作； 1：重载操作进行中	0
	11	ESC 配置区校验	0：校验和正确； 1：校验和错误	0
	12	器件信息校验	0：器件信息正确； 1：从 EEPROM 装载器件信息错误	0
	13	命令应答	0：无错误； 1：EEPROM 无应答或命令无效	0
	14	写使能错误	0：无错误； 1：请求写命令时写使能无效	0
	15	繁忙位	0：EEPROM 接口空闲； 1：EEPROM 接口繁忙	0
0x0504:0x0507	0~32	EEPROM 地址	请求操作的 EEPROM 地址，以字（Word）为单位	0
0x508:0x50F	0~15	EEPROM 数据	将写入 EEPROM 的数据，或从 EEPROM 读到数据，低位字	0
	16~63	EEPROM 数据	从 EEPROM 读到数据，高位字，一次读 4 B 时只有位 16~31 有效	0

寄存器 0x0500 和 0x0501 用以分配 EEPROM 的访问控制权。如果 0x0500.0 = 0、0x0501.0 = 0，则由主站控制 EEPROM 访问接口，这也是 ESC 的默认状态。否则由 PDI 控制 EEPROM。双方在使用 EEPROM 之前需要检查访问权限。EEPROM 访问权限的移交有主动放弃和被动剥夺两种形式。双方在访问完成后可以主动放弃控制权，EtherCAT 主站应该在以下情况通过写 0x0500.0 = 1 将访问权交给应用控制器：

1）在 I->P 转换时；

2）在 I->B 转换时和在 BOOT 状态下；

3）如果在 ESI 文件中定义了 "AssignToPdi" 元素，除 INIT 状态外主站应该将访问权交给 PDI 端。

主站可以在 PDI 没有释放控制权时强制获取操作控制权，操作如下：

1）主站操作 EEPROM 结束后，主动写 0x0500.0 = 1，将 EEPROM 接口移交给 PDI；

2）如果 PDI 想要操作 EEPROM，则写 0x0501.0 = 1 以接管 EEPROM 控制；

3）PDI 完成对 EEPROM 的操作后，写 0x0501.0 = 0，释放对 EEPROM 的操作；

4）主站写 0x0500.0 = 0 接管 EEPROM 控制权；

5）如果 PDI 未主动释放对 EEPROM 的控制权，主站可以写 0x0500.1 = 1，以强制清除 0x0501.0，从 PDI 夺取对 EEPROM 的控制权。

EEPROM 接口支持 3 种操作命令：写一个 EEPROM 地址、从 EEPROM 读、从 EEPROM 重载 ESC 配置。需要按照以下步骤执行对 EEPROM 的操作：

1）检查 EEPROM 是否空闲（0x0502.15=0？），如果不空闲，则必须等待，直到空闲；

2）检查 EEPROM 是否有错误（0x0502.13=0？或 0x0502.14=0？），如果有错误，则用写 0x0502.[10:8]=[000]清除错误；

3）写 EEPROM 字地址到 EEPROM 地址寄存器；

4）如果要执行写操作，首先将要写入的数据写入 EEPROM 数据寄存器 0x0508:0x0509；

5）写控制寄存器动作启动命令的执行；

- 读操作，写 0x500.8=1；
- 写操作，写 0x500.0=1 和 0x500.9=1，这两位必须由一个数据帧写完成。0x500.0 为写使能位，可以实现写保护机制。它对同一数据帧中的 EEPROM 命令有效，并随后自动清除。对于 PDI 访问控制则不需要写这一位；
- 重载命令，写 0x500.10=1。

6）主站访问操作时，命令在数据帧结束符（End Of Frame，EOF）之后开始执行。PDI 操作时，命令马上被执行；

7）等待 EEPROM 繁忙位被清除 0x0502.15=0？；

8）检查 EEPROM 错误位。如果 EEPROM 应答丢失，可以重新发起命令（回到第 5 步）。在重试之前等待一段时间，使 EEPROM 有足够时间保存内部数据；

9）获得执行结果。

- 读操作，读到的数据在 EEPROM 数据寄存器 0x0508:0x050F 中，数据长度可以是 2 个字或 4 个字，取决于 0x0502.6；
- 重载操作，ESC 配置被重新写入相应的寄存器。

在 ESC 上电启动时，将从 EEPROM 载入最前面的 7 个字以配置 PDI 接口。EtherCAT 端总是可以访问到 ESC，即使 PDI 配置数据（或者甚至是整个 EEPROM 的内容）都是错误的。这意味着主站/配置工具仍然可以用更新数据方式来重写 EEPROM。

在生产过程中，EEPROM 中应该写入正确的数据，至少是最前面的 7 个字。为了让应用控制器可以检查 EEPROM 内容的正确性，可以将 EEPROM 的两个 I^2C 信号连接到控制器上，这样控制器就可以在上电启动时，在释放 ESC 复位信号之前访问 EEPROM。

3.6.3 对 EEPROM 操作的错误处理

EEPROM 接口的操作错误由 EEPROM 控制/状态寄存器 0x0502:0x0503 指示，可能发生的错误如表 3-30 所示。

表 3-30 EEPROM 接口的操作错误

bit	名 字	描 述
11	校验和错误	ESC 配置区域校验和错误，使用 EEPROM 初始化的寄存器保持原值。 原因：CRC 错误； 解决方法：检查 CRC
12	设备信息错误	ESC 配置没有被装载。 原因：校验和错误、应答错误或 EEPROM 丢失； 解决方法：检查其他错误位

bit	名　字	描　述
13	应答/命令错误	无应答或命令无效。 原因：1）EEPROM 芯片无应答信号； 2）发起了无效的命令。 解决方法：1）重试访问； 2）使用有效的命令
14	写使能错误	主站在没有写使能的情况下执行了写操作。 原因：主站在写使能位无效时发起了写命令； 解决方法：在写命令的同一个数据帧中设置写使能位

ESC 在上电或复位后读取 EEPROM 中的配置数据，如果发生错误，则重试读取。连续两次读取失败后，设置设备信息错误位，此时 ESC 数据链路状态寄存器中 PDI 允许运行位（0x0110.0）保持无效。发生错误时，所有由 ESC 配置区初始化的寄存器保持其原值，ESC 过程数据存储区也不可访问，直到成功装载 ESC 配置数据。

EEPROM 芯片无应答信号错误是一个常见的问题，容易在 PDI 操作 EEPROM 时发生。连续写 EEPROM 时产生无应答信号错误原因如下：

1）主站或 PDI 发起第 1 个写命令；

2）ESC 将写入数据传送给 EEPROM 芯片；

3）在 EEPROM 芯片内部将输入缓存区中数据传送到存储区，有可能需要几毫秒；

4）主站或 PDI 发起第 2 个写命令；

5）ESC 将写入数据传送给 EEPROM 芯片，EEPROM 芯片对任何访问都无应答，直到上次内部数据传送完成；

6）ESC 设置应答/命令错误位；

7）EEPROM 芯片完成内部数据传送；

8）ESC 重新发起第 2 个命令，命令被应答并成功执行。

3.7　分布时钟操作

分布时钟由主站在数据链路的初始化阶段初始化、配置和启动运行。在运行阶段，主站也需要维护分布时钟的运行，补偿时钟漂移。在从站端，分布时钟由 ESC 芯片实现，为从站控制微处理器提供同步的中断信号和时钟信息。时钟信息也可以用于记录锁存输入信号的时刻。

3.7.1　分布时钟信号

1. 同步信号

分布时钟控制单元可以产生两个同步信号 SYNC0 和 SYNC1，用于给应用层程序提供中断或触发输出数据的更新。同步信号控制相关寄存器如表 3-31 所示。

表 3-31　同步信号控制相关寄存器

地址	bit	名称	描述		复位值
0x0980	0	SYNC 输出单元控制	0：主站控制； 1：PDI 控制		0
	1~3	保留			0
	4	锁存输入单元 0 控制	0：主站控制； 1：PDI 控制		0
	5	锁存输入单元 1 控制	0：主站控制； 1：PDI 控制		0
	6~7	保留			
0x0981	0	激活周期运行	0：无效； 1：如果 SYNC0 周期时间为 0，只产生一个 SYNC 脉冲		0
	1	激活 SYNC0	0：无效； 1：产生 SYNC0 脉冲		0
	2	激活 SYNC1	0：无效； 1：产生 SYNC1 脉冲		0
	3~7	保留			0
0x0982:0x0983	0~15	SYNC 脉冲宽度	SYNC 信号宽度，以 10ns 为单位， 0：应答模式，SYNC 信号由读取 SYNC0/SYNC1 状态寄存器清除		EEPROM 地址 0x2
0x098E	0	SYNC0 状态	应答模式时读此寄存器将清除 SYNC0 信号		0
	1~7	保留			0
0x098F	0	SYNC1 状态	应答模式时读此寄存器将清除 SYNC1 信号		0
	1~7	保留			0
0x0990:0x0997	0~63	周期运行开始时间	写：周期性运行开始时间，以 ns 为单位； 读：下一个 SYNC0 脉冲信号时间，以 ns 为单位		0
0x0998:0x099F	0~63	SYNC1 时间	下一个 SYNC1 脉冲信号时间，以 ns 为单位		0
0x09A0:0x09A3	0~31	SYNC0 周期时间	两个连续 SYNC0 脉冲之间的时间，以 ns 为单位， 0：单脉冲模式，只产生一个 SYNC0 脉冲		0
0x09A4:0x09A7	0~31	SYNC1 周期时间	SYNC1 脉冲和 SYNC0 脉冲之间的时间，以 ns 为单位		0

同步信号的宽度由脉宽寄存器 0x0982:0x0983 设定，SYNC0 信号周期时间由 SYNC0 周期时间寄存器（0x09A0:0x09A3）设置。在同步单元被激活，对 SYNC0/1 信号输出使能后，待开始时间到达后同步单元开始产生第一个 SYNC0 脉冲。SYNC 信号的刷新频率是 100 MHz（10 ns 刷新周期）。SYNC 信号的发生时间与系统时间之间的抖动为 12 ns。脉宽寄存器和 SYNC0 周期时间共同决定了 SYNC0 信号的运行模式，如表 3-32 所示。

同步信号可以有 4 种模式，如图 3-26 所示。应答模式通常用于产生中断，中断信号必须由微处理器响应后才能恢复。4 种运行模式功能如下。

表 3-32 同步信号运行模式选择

| SYNC0/1 信号脉宽寄存器 | SYNC0 周期时间（0x09A0:0x09A3） | |
（0x0982:0x0983）	>0	=0
>0	周期	单次
=0	周期性应答	单次应答

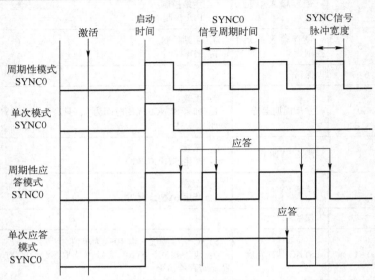

图 3-26 同步信号产生模式

（1）周期性模式

在周期性模式下，分布时钟控制单元在启动操作后产生等时的同步信号。在终止操作后停止运行。周期时间由 SYNC0/1 信号周期时间寄存器决定。SYNC 信号的脉冲宽度必须大于 0，如果脉冲宽度大于周期时间，则 SYNC 信号将在启动后总保持有效。

（2）单次模式

单次模式下（SYNC0 信号周期时间设为 0），在启动时间到达后只产生一个同步信号脉冲。重新写入开始时间并重新启动周期单元后可以产生下一个脉冲。

（3）周期性应答模式

周期性应答模式的典型应用是产生等时中断。通过设置 SYNC0 信号脉冲宽度（寄存器 0x0982:0x0983）为 0 以选择应答模式。SYNC 信号在获得应答之前保持有效，由微处理器读 SYNC0 或 SYNC1 状态寄存器（0x098E，0x098F）产生应答。第一个脉冲在启动时间到达后产生，之后的脉冲在下一个 SYNC0/1 事件发生时产生。

（4）单次应答模式

单次应答模式下，启动时间到达时只产生一个脉冲。在读 SYNC0/1 状态寄存器产生应答之前脉冲保持有效。重新写入开始时间并重新启动控制单元后可以产生下一个脉冲。

第二个同步信号 SYNC1 依赖于 SYNC0，它可以比 SYNC0 延迟一个预定义的量。延迟量由 SYNC1 信号周期时间寄存器（0x09A4:0x09A7）设置。SYNC1 与 SYNC0 并非一一对应，SYNC1 是以其后的第一个 SYNC0 信号为参照基准，SYNC1 信号产生示例如图 3-27 所示。

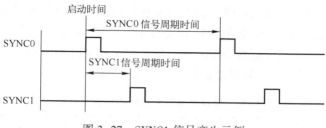

图 3-27 SYNC1 信号产生示例

同步信号的产生需要以下初始化过程：

1）设备上电，自动从 EEPROM 装载默认值（见表 3-27）；

● PDI 控制寄存器 0x0140.10=1，使能 DC 同步信号输入单元；

● 同步/锁存 PDI 配置寄存器 0x0151，使 SYNC0/1 使用适当的输出驱动模式；

● 脉冲宽度寄存器 0x0982:0x0983。

2）设置寄存器 0x0980，分配同步单元给 ECAT 数据帧或 PDI 控制，决定后续设置参数操作由 ECAT 数据帧或 PDI 执行，默认值由 ECAT 数据帧执行；

3）设置 SYNC0 和 SYNC1 信号周期时间；

4）设置周期性运行启动时间，启动时间必须是在周期性运行激活时刻之后，否则必须等计数器溢出后才开始周期性运行；

5）设置寄存器 0x0981.0=1 以激活周期性运行，并使能 SYNC0/1 输出（设置 0x981[2：1]=0x03），同步单元在周期性运行启动时间到达后开始产生 SYNC0 信号脉冲。

2. 同步锁存功能

DC 锁存单元可以为两个外部事件信号保存时间标记，外部事件信号为：LATCH0 和 LATCH1。上升沿和下降沿的时间标记都被记录。另外，有些从站也可以记录存储同步管理器事件时间标记。

锁存信号的采样率为 100 MHz，相应时间标记的内部抖动为 11 ns。锁存信号的状态可以从锁存状态寄存器读取。DC 锁存单元支持两种模式：单事件或连续模式，由 LATCH0/1 控制寄存器（0x09A8:0x09A9）配置。

（1）单次事件模式

在单次事件模式下，锁存信号的第一个上升沿和第一个下降沿的时间标记被记录。锁存状态寄存器（0x09AE:0x09AF）包含已经发生的事件的信息。锁存时间寄存器（0x9B0:0x9CF）包含时间标记。

每个事件都通过读相应的锁存时间寄存器来应答。锁存时间寄存器被读取后，锁存单元等待下一个事件发生。在单次事件模式下，锁存事件也被映射到 AL 事件请求寄存器中。

（2）连续模式

在连续模式下，每个事件的时间都被保存在锁存时间寄存器中（0x9B0:0x9CF）。每次读取都能读到新发生事件的时间标记。在连续模式下，锁存状态寄存器（0x09AE:0x09AF）不反映锁存事件的状态。

（3）存储同步管理器事件

有些从站支持使用缓冲区事件时间标记来调试存储同步管理器操作。如果 SM 配置正确，最近的事件可以从 SM 通道事件时间标记寄存器（0x09F0:0x09FF）读取。

分布时钟中的同步信号单元和两个锁存信号单元可以由 ECAT 数据帧控制或本地微处理器（PDI）控制，主站通过写周期单元控制寄存器 0x0980 来分配控制权。通过 PDI 控制，微处理器可以根据自己的需求配置分布时钟，例如设定周期性的中断。

表 3-33 列出了用于锁存信号时间标记的相关寄存器。

表 3-33 锁存信号时间标记的相关寄存器

地址	bit	名称	描述	复位值
0x0140	11~10	PDI 控制	使能/终止 DC 单元（低功耗）	EEPROM
0x0151		同步/锁存 PDI 配置	配置同步/锁存信号引脚	EEPROM
0x09A8	0~7	LATCH0 控制		
	0	LATCH0 上升沿控制	0：连续锁存有效； 1：单次事件模式，第一个事件有效	0
	1	LATCH0 下降沿控制	0：连续锁存有效； 1：单次事件模式，第一个事件有效	0
	2~7	保留		0
0x09A9	0~7	LATCH1 控制		
	0	LATCH1 上升沿控制	0：连续锁存有效； 1：单次事件模式，第一个事件有效	0
	1	LATCH1 下降沿控制	0：连续锁存有效； 1：单次事件模式，第一个事件有效	0
	2~7	保留		0
0x09AE	0~7	LATCH0 状态		
	0	LATCH0 上升沿状态	发生 LATCH0 上升沿事件，单次模式有效，否则为 0，读 LATCH0 上升沿时间时寄存器被清除	0
	1	LATCH0 下降沿状态	发生 LATCH0 下降沿事件，单次模式有效，否则为 0，读 LATCH0 下降沿时间时寄存器被清除	0
	2	LATCH0 引脚状态	LATCH0 引脚的状态	0
	3~7	保留		0
0x09AF	0~7	LATCH1 状态		
	0	LATCH1 上升沿状态	发生 LATCH1 上升沿事件，单次模式有效，否则为 0，读 LATCH1 上升沿时间时寄存器被清除	0
	1	LATCH1 下降沿状态	发生 LATCH1 下降沿事件，单次模式有效，否则为 0，读 LATCH1 下降沿时间时寄存器被清除	0
	2	LATCH1 引脚状态	LATCH1 引脚的状态	0
	3~7	保留		0
0x09B0:0x09B7	0~63	LATCH0 上升沿时间	LATCH0 信号上升沿捕获时的系统时间	0
0x09B8:0x09BF	0~63	LATCH0 下降沿时间	LATCH0 信号下降沿捕获时的系统时间	0

地址	bit	名称	描 述	复位值
0x09C0:0x09C7	0~63	LATCH1 上升沿时间	LATCH1 信号上升沿捕获时的系统时间	0
0x09C8:0x09CF	0~63	LATCH1 下降沿时间	LATCH1 信号下降沿捕获时的系统时间	0
0x09F0:0x09F3	0~31	主站读写事件时间	捕获到至少一个 SM 中发生 ECAT 数据帧事件时的系统时间	0
0x09F8:0x09FB	0~31	PDI 缓存区开始事件时间	捕获到至少一个 SM 中发生 PDI 缓存区开始事件时的系统时间	0
0x09FC:0x09FF	0~31	PDI 缓存区改变事件时间	捕获到至少一个 SM 中发生 PDI 缓存区改变事件时的系统时间	0

3.7.2 分布时钟的初始化

分布时钟的初始化过程原理参考 2.4 节。其中的功能都通过读/写寄存器来实现。分布时钟初始化相关寄存器如表 3-34 所示。

表 3-34 分布时钟初始化相关寄存器

地址	bit	名称	描 述	复位值
0x0900:0x0903	0~31	端口 0 接收时刻	读和写功能不同。 写：写各端口锁存数据帧第一个前导位到达时的本地时间 读：读锁存的数据帧第一个前导位到达端口 0 时的本地系统时间	无
0x0904:0x0907	0~31	端口 1 接收时刻	读：读锁存的数据帧第一个前导位到达端口 1 时的本地时间	无
0x0908:0x090B	0~31	端口 2 接收时刻	读：读锁存的数据帧第一个前导位到达端口 2 时的本地时间	无
0x090C:0x090F	0~31	端口 3 接收时刻	读：读锁存的数据帧第一个前导位到达端口 3 时的本地时间	无
0x0910:0x0917	0~63	本地系统时间	每个数据帧第一个前导位到达时锁存的本地系统时间副本。 写：比较写入值和本地系统时间副本，将其结果作为时间控制环的输入 读：获得本地系统时间	0
0x0918:0x091F	0~63	数据帧处理单元接收时间	读：读锁存的数据帧第一个前导位到达数据帧处理单元时的本地时间	无
0x0920:0x0927	0~63	时间偏移	本地时间和系统时间的偏差	0
0x0928:0x092B	0~31	传输延时	参考时钟 ESC 和当前 ESC 之间的传输延时	0
0x092C:0x092F	0~30	系统时间差	本地系统时间副本与参考时钟系统时间值之差	0
	31	符号	0：本地系统时间大于或等于参考时钟系统时间； 1：本地系统时间小于参考时钟系统时间	0

地址	bit	名称	描　述	复位值
0x0930:0x0931	0~14		调节本地系统时间的带宽	0x1000
	15	保留		0
0x0932:0x0933	0~15	偏差	本地时钟周期与参考时钟周期的偏差	0
0x0934	0~3	过滤深度	系统时间偏差计算的平均次数	4
	4~7	保留		
0x0935	0~3	过滤深度	时钟周期偏差计算的平均次数	12

从初始化阶段到预运行阶段，在发送从站初始化命令之前，必须执行以下操作：

1）主站读所有从站特征信息寄存器 0x0008:0x0009（见表 3-4），根据 bit2 的值得知哪些从站支持分布时钟。由于此时处在初始化阶段，所以使用顺序寻址命令 APRD 操作并获得从站 DC 特征信息：

- bit 2 = 0：支持分布时钟；
- bit 2 = 1：不支持分布时钟；
- bit 3 = 0：支持 64 bit 分布时钟；
- bit3 = 1：支持 32 bit 分布时钟。

2）主站读数据链路状态寄存器 0x0110:0x0111，根据其中的端口通信状态判断出正被使用的端口，获得网段拓扑结构。由表 3-19 可知，如果端口被打开，且建立了通信，表示此端口正被使用。各端口相应的通信状态位如表 3-35 所示。根据各个从站端口通信状态可以获得准确的网络拓扑结构。

表 3-35　端口链路通信状态判断位

端　　口	打　开　标　志	建立通信标志
0	bit8 = 0	bit9 = 1
1	bit10 = 0	bit11 = 1
2	bit12 = 0	bit13 = 1
3	bit14 = 0	bit15 = 1

3）主站发送一个广播写命令 BWR，写所有从站端口 0 的接收时间寄存器 0x0900，将所有从站捕捉数据帧第一个前导位到达每个端口时的本地时间，保存到寄存器 0x0900:0x090F，每个端口使用 4 B。

4）主站分别读取各个从站以太网数据帧到达时刻并将其保存到寄存器 0x900:0x90F，根据第二步得到的信息来决定哪些端口正被使用；假设只使用端口 0 和端口 1，则根据图 2-19，寄存器和其中的变量有以下对应关系：

- 参考时钟从站寄存器 0x0900:0x0903 中保存了数据帧到达端口 0 时的参考时钟 t_{sys_ref} 时刻 T_1；
- 参考时钟从站寄存器 0x0904:0x0907 中保存了数据帧返回时到达端口 1 的参考时钟 t_{sys_ref} 时刻 T_4；
- 从站 n 的寄存器 0x0900:0x0903 中保存了数据帧到达从站 n 端口 0 时本地时钟 $t_{local}(n)$

的时刻 $T_2(n)$；

- 从站 n 的寄存器 0x0904:0x0907 保存了数据帧返回从站 n 端口 1 时本地时钟 $t_{local}(n)$ 的时刻 $T_3(n)$。

5）计算传输延时和初始偏移量

主站根据式（2-4）计算每个从站与参考时钟从站之间的传输延时 $T_{delay}(n)$，主站根据式（2-3）计算从时钟和参考时钟之间的初始偏移量 $T_{offset}(n)$。

6）主站使用 APWR 命令将步骤 5）计算得到的 $T_{delay}(n)$ 写入每个从站的传输延时寄存器 0x928:0x92B。

7）主站使用读/写服务命令 APWR 将初始偏移量 $T_{offset}(n)$ 写入每个从站的初始时间偏差寄存器 0x0920:0x0927。

8）主站使用读/写服务命令 ARMW 读参考时钟的系统时间寄存器 0x0910:0x0917，然后将读取结果写入到后续所有从站的本地系统时间寄存器 0x0910:0x0917；各个从站根据图 2-20 描述的原理初始化各自的本地时钟。

通过这一步的多次重复，可以读取系统时间差寄存器（0x092C:0x092F）来判断时钟同步性是否已达到需求。如果主站时钟也需要同步，主站也可以根据接收到的时间来调整自己的时钟。

9）初始化结束，开始发送周期性数据帧。主站通过读参考时钟 ESC 的系统时间与系统时间保持同步。在运行模式下，也可以经常重复步骤 3）、4）、5）和 6），以随时修正传输延时的值。

3.7.3 同步信号的配置

系统的时钟同步以后，将为各个从站提供同步的中断信号和精确的时间标记。在预运行阶段，使用以下命令来配置每个从站的同步信号。

（1）设定同步信号周期时间

主站使用 FPWR 命令写每个从站的 SYNC 信号周期时间寄存器 0x9A0:0x9A7，其中：

- 字节 0x9A0:0x9A3 为 SYNC0 信号的周期时间；
- 字节 0x9A4:0x9A7 为 SYNC1 信号和 SYNC0 信号的间隔时间。

（2）设置同步信号启动时间

主站使用 FPWR 命令写每个从站的同步信号启动时间寄存器 0x990:0x997。

（3）激活同步信号

主站使用 FPWR 命令写每个从站的同步信号控制寄存器 0x981，其中，

- bit0 = 1：激活周期性运行；
- bit1 = 1：使能 SYNC0 信号；
- bit2 = 1：使能 SYNC1 信号。

3.8 显式设备标识 ID

EtherCAT 具有自动分配地址的寻址方式，不需要使用拨码开关等专门设置寻址地址。但是在一些应用场合，需要标识出一个 EtherCAT 从站设备。所以 EtherCAT 协议也扩充了对

显式设备标识 ID 的支持，以满足以下场合的：

- 在热连接应用中，可以带电连接或断开部分网络是很有用的，在这些情况下主站必须能够识别哪一部分网络是可用的。
- 防止线缆调换。如果一个应用中使用了至少两个相同的设备，则有必要避免由于线缆调换而导致设备连接的错乱。例如：在一个加工中心上，可能有两个相同的设备来驱动 X 和 Y 轴。为了避免驱动器接收到错误的过程数据（如在设备维修替换之后），设备上可以使用显式标识来标记。

显式设备标识 ID 的数值应该在设备本地设置中为网络中唯一的数值，而且是 2 个字节长度的数值 0 是设置站点别名的默认值，不能用于显式设备标识。显式设备标识 ID 的数值也可以用于唯一寻址的地址值。显式设备标识 ID 的数值可以用以下方法设置，（如图 3~28 所示）。

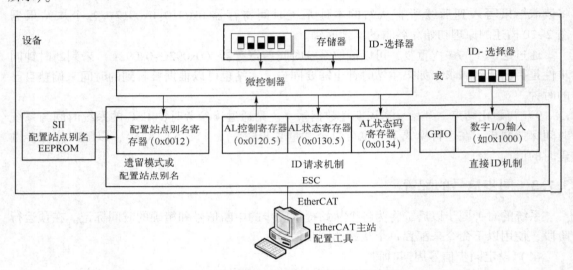

图 3-28　显式设备标识 ID 数值的设置和读取

1）使用从站本地的 ID-选择器，这可以是一个开关（如旋钮开关或拨码开关），或通过一个可显示的控制器设置并将其保存为非易失存储器数据。从站可以使用三种方式来存储 ID-选择器的数值以供主站读取：

- 带有应用控制器和 ID-选择器的复杂从站的 "ID 请求机制"。主站从寄存器 0x0134 读取显式设备标识 ID 数值，从站在 ESI 文件中设置 "IdentificationReg134 = TRUE" 表示它支持这种模式。
- 没有应用控制器的简单从站，使用开关数据直接输入 ESC 芯片，主站可以随时直接读取，称为 "直接 ID 机制"。从站在 ESI 文件中设置 IdentificationAdo = 0x1000（或其他 I/O 存储地址）表示它支持这种模式。
- 为了兼容旧的设备，允许从站将 ID-选择器的数值写入 0x0012 寄存器，称为 "遗留模式"。从站在 ESI 文件中设置 "IdentificationAdo = 0x0012" 表示它支持这种模式。如果从站支持 "遗留模式"，则也推荐支持请求 ID 机制。

2）使用设置站点别名（寄存器 0x0012）。所有的从站都支持这种模式，所以不需要在

ESI 文件中进行额外的说明。从站没有 ID-选择器或 ID-选择器的值等于 0 时，只能使用这种模式。如果使用了"遗留模式"，则无法使用这种模式。

3.8.1 ID 请求机制——带有应用控制器和 ID-选择器的复杂从站

带有应用控制器和 ID-选择器的复杂从站应该使用 AL 状态码寄存器（0x0134）来请求设备标识数值。EtherCAT 主站可以通过设置 AL 控制寄存器的位 5（0x0120.5 = ID 请求）来请求设备标识数值。从站应该把当前设备标识数值加载到 AL 状态码寄存器并设置 AL 状态寄存器位 5（0x0130.5 = ID 已加载）。设备标识数值改变后（如 ID-选择器设置了一个不同的数值），应在主站发送一个新的 ID 请求时加载。图 3-29 描述了主站 ID 请求的时序示例。

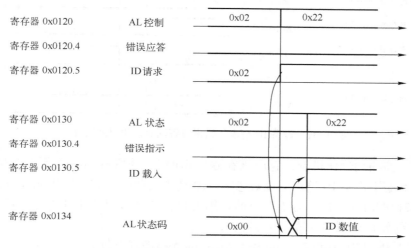

图 3-29　ID 请求时序图

如果从站必须在 ID 请求的同时指示一个错误，从站应该复位 ID 加载标志位（0x0130.5），加载错误码到 AL 状态码寄存器并设置错误指示标志位（0x0130.4），如图 3-30 所示。

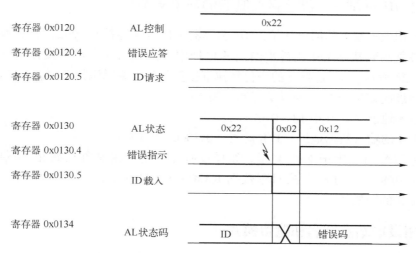

图 3-30　在加载设备 ID 请求时指示错误

如果从站有一个有效的错误指示，但错误未处于待处理状态，并且主站同时发送了一个错误确认和 ID 请求，那么从站应重置错误指示标志并确认 noError 后，加载设备标识数值到 AL 状态码寄存器并重新设置 ID 加载位，如图 3-31 所示。

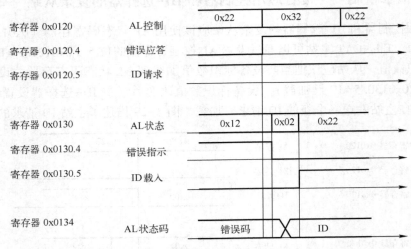

图 3-31　设备 ID 请求和错误应答同时发生时的时序

如果设备支持请求 ID 机制，它应该在除 "BOOT" 外所有的状态下都支持这个机制。在 "BOOT" 状态下设备 ID 请求应该被忽略。ID 请求机制的超时和用于 ESM（EtherCAT 状态机）状态转换的时间一样。对于简单的识别过程，主站可以使用如下命令序列（如作为 ENI 文件的一部分）来识别从站：

- 写寄存器 0x0120 = 0x0021（bit 0-> Init；bit 5->加载设备 ID）
- 轮询寄存器 0x0130…0x0135，并与预期的设备 ID 比较。主站应该使用同一个报文来读取寄存器 0x0130 和 0x0134 以保证数据的一致性。
- 写寄存器 0x0120 = 0x0001（bit 0-> Init）

3.8.2　直接 ID 机制——没有微控制器的简单从站

对于不使用微控制器的简单从站，ID-选择器可以直接连接在 ESC 的输入端口。ID-选择器的数值被复制到从站 ESI 文件中给出的地址中，并可以由主站直接读取（直接 ID 机制），如图 3-28 所示。ID-选择器的变化将被直接复制到设备标识数值中。存储设备标识 ID 数值的本地地址应该位于 ESC 的以下存储范围之内：

- 通用输入地址（如 0x0F18…0x0F1F）；
- 数字 I/O 的输入数据地址（PDI 配置：0x1000…0x1003）。

可用的存储范围取决于 ESC 类型。如果没有在上电时由硬件初始化，不要使用用户 RAM 区域（0x0F80…0x0FFF）或过程数据 RAM（0x1000…0xFFFF），因为启动后在 RAM 中会出现未定义的随机数。

3.8.3　使用设置站点别名和遗留模式

如果没有本地 ID-选择器或 ID-选择器的数值为 0，配置工具或主站可以使用设置站点别名寄存器0x0012作为显式设备标识ID。在此情况下，主站或配置工具可以忽略ID请求机制或直接ID机制，而直接读取设置站点别名寄存器的数值。配置工具在修改SII（定义从站信息接口）设置站点别名后，设备需要重新上电来将新数值加载到0x0012寄存器。EEPROM的重新加载命令对寄存器0x0012无效。

因为兼容性考虑带有微控制器的复杂从站也使用设置站点别名寄存器0x0012存储ID-选择器的值，称为"遗留模式"。由于这个寄存器也会在上电启动时从SII设置站点别名加载，这可能会导致一种竞争情况的出现。

1）如果ID-选择器数值＝0，无操作（寄存器0x0012的数值从SII加载，不论是"0"或其他不同的数值，都是独立的）。

2）如果ID-选择器数值！＝0，并且SII的数值！＝0，则开始竞争过程：

● 复制ID-选择器数值到寄存器0x0012。

● 设置内部错误标志（ERRint＝1）。

● 从Init到PreOp切换时用"0"覆盖SII的数值（PDI访问SII）。

● 根据主站进一步操作：

◆ 如果请求SafeOp状态，则拒绝状态改变（AL状态码＝0x12），并设置错误"设备标识数值更新"（AL状态码＝0x0061）。

◆ 如果请求Init状态或重新上电，或利用SDO（Service Data Objects，服务数据对象，详见5.1.3小节）信息服务对设备标识重载数据对象进行写操作，则继续进行。

遗留模式下，设备上电后如果ID-选择器的值发生变化，必须由主站操作设备标识重载数据对象0x10E0将新的数值重新加载到寄存器0x0012，以避免重新上电。设备标识重载数据对象的定义见表3-36，各数据参数的描述见表3-37。

表3-36　设备标识重载数据对象的定义

属　　性	数　　值
索引号	0x10E0
名称	设备标识重载数据对象
对象码	纪录（RECORD）
最大子索引	3

表3-37　设备标识重载数据对象0x10E0中数据参数

子索引	描　　述	数据类型	数　　值
0	最大支持的子索引	UINT8	3
1	设置站点别名寄存器数值	UINT16	写：将数值写入寄存器0x0012； 读：读取寄存器0x0012的当前数值
2	写站点别名设置的一致性	BOOL	FALSE：写SI 1的操作时只写寄存器0x0012 TRUE：写SI 1的操作同时写寄存器0x0012和SII EEPROM
3	重新加载ID-选择器数值	UINT16	写：写0x0000将当前ID-选择器数值更新到寄存器0x0012 读：读ID-选择器的当前值

子索引1"设置站点别名寄存器数值"明确提供了重新加载寄存器0x0012的可能性。这个参数是在设备不重新上电的情况下远程改变设置站点别名寄存器0x0012中设备标识的数值，因为ESC寄存器0x0502中的"EEPROM重新加载"命令只加载除寄存器0x0012和

0x0140.9 以外的其他所有寄存器。

如果支持子索引 2 "写站点别名配置的一致性" 被设置为 "TRUE"，从站应该同时写 SII 中的 "设置站点别名"。从站需要访问 EEPROM，因此需要在 ESI/SII 中设置 "AssignTo-Pdi" 标志。

子索引 3 的写操作只在设备使用寄存器 0x0012 作为显式设备标识并具有 ID-选择器时有效。

3.9 主站对 ESC 操作过程示例

EtherCAT 主站通过对 ESC 从站控制芯片寄存器的读/写操作完成对从站的配置和数据通信，包括数字量输入/输出、邮箱、分布时钟等。本节通过典型示例，具体介绍主站对从站寄存器的操作顺序和操作内容，帮助读者初步掌握主站对从站操作的基本编程方法。

3.9.1 数字量输入/输出配置和通信示例

ESC 从站控制芯片（简称为 ESC 芯片）具有 16 bit 数字量输入/输出接口，如图 3-10 所示。主站通过对 ESC 的读/写操作，完成从站的配置和初始化过程，进入过程数据通信阶段。图 3-32 是 ESC 芯片与数字量输入/输出接口的相关配置。输入寄存器起始地址为 0x1000，长度为 2 B。输出寄存器起始地址为 0x0f00，长度为 2 B。输出数据必须经过存储同步管理器 SM0 通道控制的缓冲区完成同步控制。

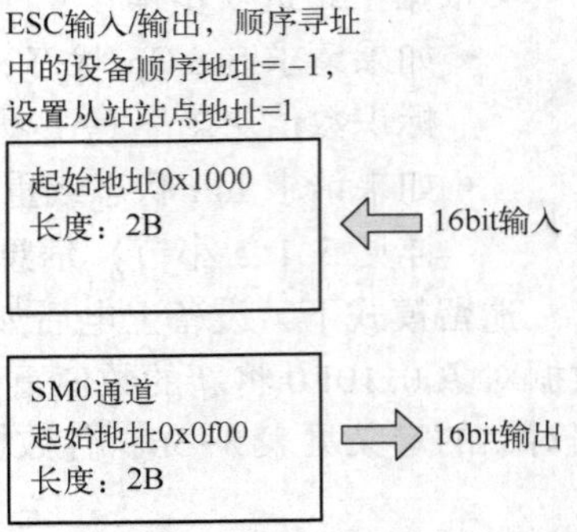

表 3-38 描述了主站对从站的详细操作顺序，其过程如下。

1~2：使用从站设备顺序地址-1 开始初始化过程；

3：设置从站站点地址为 1；

4：设置 SM0 通道作为数字输出数据的同步缓冲通道；

5~10：完成预运、安全运行、运行的状态转换；

11：16 bit 过程数据输入和输出。

ESC输入/输出，顺序寻址中的设备顺序地址=-1，设置从站站点地址=1

起始地址0x1000
长度：2B ⟸ 16bit输入

SM0通道
起始地址0x0f00
长度：2B ⟹ 16bit输出

图 3-32 ESC 从站控制芯片与数字量输入/输出接口的相关配置

表 3-38 ESC 数字量 I/O 配置和通信示例

	操　作	从站地址/偏移地址	读、写命令/数据长度（B）	数　据
1	初始化（to init）	-1/0x0120	APWR/2	[0:1]=01
2	检查初始化（返回值=1）	-1/0x0130	APRD/2	[0:1]=XX
3	设置从站设备地址	-1/0x0010	APWR/2	[0:1]=1
4	设置 SM0 通道为输出缓存 地址 长度 3 个写缓冲区（使能看门狗触发） 状态 激活 PDI 控制		FPWR/2 FPWR/2 FPWR/2 FPWR/2 FPWR/2 FPWR/2	[0:1]=0x0f00 [2:3]=2 [4]=0x44 [5]=00 [6]=0x01 [7]=00

	操　作	从站地址/ 偏移地址	读、写命令/ 数据长度（B）	数　据
5	转入预运行（to pre op）	1/0x0120	FPWR/2	[0:1]=2
6	检查预运行（返回值=2）	1/0x0130	FPRD/2	[0:1]=XX
7	转入安全运行（to safe op）	1/0x0120	FPWR/2	[0:1]=4
8	检查安全运行（返回值=4）	1/0x0130	FPRD/2	[0:1]=XX
9	转入运行（to op）	1/0x0120	FPWR/2	[0:1]=8
10	检查运行（返回值=8）	1/0x0130	FPRD/2	[0：1]＝8
11	周期运行下的输出 输入	1/0x0f00 1/0x1000	FPWR/2 FPRD/2	[0:1]=XX [0:1]=XX

3.9.2　邮箱配置和通信示例

主站通过对 ESC 的读/写操作，执行与从站的邮箱数据通信。本节以数字伺服通信协议 CoE（CANopen over EtherCAT）参数（索引）的下传和上传为例，介绍邮箱通信的基本编程方法。

表 3-39 是邮箱配置和通信初始化操作示例的操作顺序，过程如下。

1~2：使用从站设备顺序地址−1 开始初始化过程；

3：设置从站站点地址为 1；

4：设置 SM0 通道作为写邮箱数据同步缓冲通道，地址＝0x1000，长度＝128 B；

5：设置 SM1 通道作为读邮箱数据同步缓冲通道，地址＝0x1400，长度＝128 B；

6~7：完成预运状态转换，此后就可以进行邮箱通信了。

表 3-39　邮箱配置和通信初始化示例

	操　作	从站地址/ 偏移地址	读、写命令/ 数据长度（B）	数　据
1	初始化（to init）	−1/0x0120	APWR/2	[0:1]=1
2	检查初始化（返回值=1）	−1/0x0130	APRD/2	[0:1]=XX
3	设置从站设备地址	−1/0x0010	APWR/2	[0:1]=1
4	设置 SM0 通道为写缓存区 地址 长度 1 个写缓冲区（PDI 触发） 状态 激活 PDI 控制	1/0x0800	FPWR/8	[0:1]=0x1000 [2:3]=128 [4]=0x26 [5]=00 [6]=0x01 [7]=00
5	设置 SM1 通道为读缓存区 地址 长度 1 个读缓冲区（PDI 触发） 状态 激活 PDI 控制	1/0x0808	FPWR/8	[0:1]=0x1400 [2:3]=128 [4]=0x22 [5]=00 [6]=0x01 [7]=00

	操 作	从站地址/偏移地址	读、写命令/数据长度（B）	数 据
6	转入预运行（to pre op）	1/0x0120	FPWR/2	[0:1]=2
7	检查预运行（返回值=2）	1/0x0130	FPRD/2	[0:1]=XX

表 3-40 是写邮箱编程示例。在本示例中，将数据 0x64000010（长度为 4 B）写入 CoE 索引号 0x1600 的子索引 1 中。它是伺服电动机从站的一个控制参数。

表 3-40　写邮箱（下传 CoE 索引）示例

操 作	从站地址/偏移地址	读、写命令/数据长度（B）	数 据
写邮箱（下传 CoE 索引）	1/0x1000	FPWR/16	
数据头：			
长度			[0:1]=6
地址			[2:3]=0
通道			[4]=0
类型（CoE）			[5]=3
命令：SDO 请求			[6:7]=0x2000
命令相关数据：			
SDO 控制（下传 4 B 索引）			[8]=0x23
索引号			[9:10]=0x1600
子索引号			[11]=1
数据			[12:13]=0x0010
			[14:15]=0x6400

表 3-41 是读邮箱编程示例。在本示例中，将 CoE 从站索引号 0x1600 的子索引 1（伺服电动机参数，长度为 4 B）上传到主站。如表 3-39 所示，需要两步操作完成：

1）读邮箱请求，发出上传数据请求；

2）读邮箱内容（响应），读取从站返回的数据。

表 3-41　读邮箱（上传 CoE 索引）示例

	操 作	从站地址/偏移地址	读、写命令/数据长度（B）	数 据
1	读邮箱请求	1/0x1000	FPWR/16	
	（请求上传 CoE 索引）			
	数据头：			
	长度			[0:1]=6
	地址			[2:3]=0
	通道			[4]=0
	类型（CoE）			[5]=3
	命令：SDO 请求			[6:7]=0x2000
	命令相关数据：			
	SDO 控制（上传 4 B 索引）			[8]=0x43
	索引号			[9:10]=0x1600
	子索引号			[11]=1
	数据			[12:13]=XX
				[14:15]=XX

	操　作	从站地址/ 偏移地址	读、写命令/ 数据长度（B）	数　据
2	读邮箱内容 （读取返回的 CoE 索引数值） 数据头： 长度 地址 通道 类型（CoE） 命令：SDO 响应 命令相关数据： SDO 控制（上传 4 B） 索引号 子索引号 数据	1/0x1400	FPRD/16	[0;1] = 6 [2;3] = 0 [4] = 0 [5] = 3 [6;7] = 0x3000 [8] = 0x43 [9;10] = 0x1600 [11] = 1 [12;13] = XX [14;15] = XX

第 4 章 EtherCAT 硬件设计

EtherCAT 主站使用标准的以太网设备，能够发送和接收符合 IEEE802.3 标准的以太网数据帧的设备都可以作为 EtherCAT 主站。在实际应用中，可以使用基于 PC 或嵌入式计算机的主站，其硬件设计没有特殊要求。

EtherCAT 从站使用专用 ESC 芯片，需要设计专门的从站硬件。本章给出使用 8 bit 并行微处理器总线接口的从站硬件和直接 I/O 控制的从站硬件设计实例。

4.1 EtherCAT 从站 PHY 器件选择

ET1100 芯片只支持 MII 接口的以太网物理层（PHY）器件。有些 ESC 器件也支持 RMII（Reduced MII）接口。但是由于 RMII 接口 PHY 使用发送 FIFO 缓存区，增加了 EtherCAT 从站的转发延时和抖动，所以 RMII 接口是不推荐的。ET1100 的 MII 接口经过优化设计，为降低处理和转发延时，对 PHY 器件有一些额外要求，见 3.2.2 节。大多数流行的以太网 PHY 都能满足这些要求。另外，为了获得更好的性能，希望 PHY 满足以下条件：

1）PHY 检测链接丢失的响应时间小于 15 μs，满足冗余功能要求；

2）接收和发送延时稳定；

3）如果标准的最大线缆长度为 100 m，PHY 支持的最大线缆长度应大于 120 m，以保证安全极限；

4）ET1100 中 PHY 管理接口（Management Interface，MI）的时钟引脚也用作配置输入引脚，所以不应固定连接上拉或下拉电阻；

5）最好具有波特率和全双工的自动协商功能；

6）低功耗；

7）3.3 V 单供电电压；

8）使用 25 MHz 时钟源；

9）支持工业级的使用温度范围。

为了支持用户从站硬件的设计，BECKHOFF 公司给出了一些满足 ET1100 要求的 PHY 器件（见表 4-1）和一些不满足 ET1100 要求的器件（见表 4-2）。

表 4-1 ET1100 兼容的 PHY 器件列表

制造商	器件	物理地址	物理地址偏移	链接丢失响应时间/μs	备　注
Broadcom 公司	BCM5221	0~31	0	1.3	没有经过硬件测试，依据数据手册或由厂商提供数据，要求使用石英振荡器，不能使用 CLK25Out，以避免级联的 PLL（锁相回路）
	BCM5222	0~31	0	1.3	
	BCM5241	0~7,8,16,24	0	1.3	

制造商	器件	物理地址	物理地址偏移	链接丢失响应时间/μs	备　　注
Micrel 公司	KS8001L	1～31	16		PHY 地址 0 为广播地址
	KS8721B KS8721BT KS8721BL KS8721SL KS8721CL	0～31	0	6	KS8721BT 和 KS8721BL 经过硬件测试，MDC 具有内部上拉电阻
National 半导体公司	DP83640	1～31	16	250	PHY 地址 0 表示隔离，不使用 SCMII 模式时，链接丢失响应时间可配置为 1.3 μs

表 4-2　ET1100 不兼容的 PHY 器件列表

制　造　商	器　　件	原　　因
AMD	Am79C874，Am79C875	
Broadcom	BCM5208R	
Cortina Systems	LXT970A，LXT971A，LXT972A，LXT972M，LXT974，LXT975	
Davicom	DM9761	根据数据手册或由制造商提供数据，不支持 MDI/MDIX 自动交叉功能
SMSC	LAN83C185	
ST Microelectronics	STE100P	
Teridian	78Q2120C	
VIA 科技	VT61303F，VT6303L	
Marvell	88E3015，88E3018	TX_CLK 相位不确定
Micrel	KSZ8041 版本 A3	硬件测试结果，没有前导位保持功能

4.2　微处理器操作的 EtherCAT 从站硬件设计实例

作者开发了一种使用 AVR 系列单片机控制的 EtherCAT 从站接口卡，它将 AVR 系列单片机 Atmega128 作为微处理器操作 ET1100，实现 EtherCAT 基本通信，接口卡组成如图 4-1 所示。主要由以下 5 部分组成：

1）EtherCAT 从站控制芯片 ET1100；

2）Atmel 公司的 AVR 系列单片机 Atmega128，具有 4 KB 内部 RAM 和 128 KB 片上在线可编程 FLASH 存储器；

3）以太网 PHY 芯片 KS8721；

4）PULSE 公司以太网数据变压器 H1101；

5）RJ45 连接器。

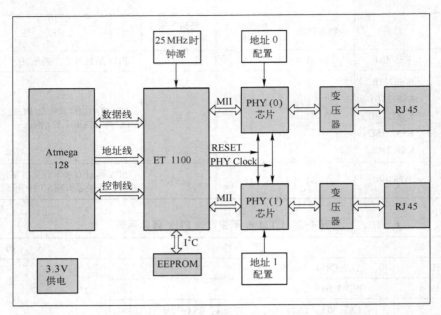

图 4-1　Atmega128 控制的 EtherCAT 从站接口卡示意图

4.2.1　ET1100 的接线

在本设计中，ET1100 使用 8 位异步微处理器 PDI 接口，连接两个 MII 接口，并输出时钟信号给 PHY 器件。图 4-2 给出了 ET1100、Atmega128 及 PHY 器件的连接图。图 4-3 给出了外部时钟源连接和 EEPROM 连接图。图 4-4 是 ET1100 的电源引脚连接，图 4-5 是 5 V 到 3.3 V 的电压转换电路。

此外，AVR 微处理器还连接着外部控制设备，例如 A-D 变换、D-A 变换和控制电动机的脉冲信号输出。因本例的目的是重点介绍 AVR 微处理器对 ET1100 的操作，所以在图中省略了 AVR 与控制设备的连接。

4.2.2　ET1100 配置电路

ET1100 的配置引脚与 MII 引脚或其他引脚复用，在上电时作为输入由 ET1100 锁存配置信息。上电之后，这些引脚都有分配的操作功能，必要时引脚方向也可以改变。RESET 引脚信号指示上电配置完成。所有的配置引脚取值和功能含义如表 4-3 所示。配置引脚的接线如图 4-6 所示，其中有些引脚具有 LED 状态输出功能。ETG 对 EtherCAT 产品的 LED 指示灯进行了详细的定义，这也是 EtherCAT 一致性测试的重要内容。

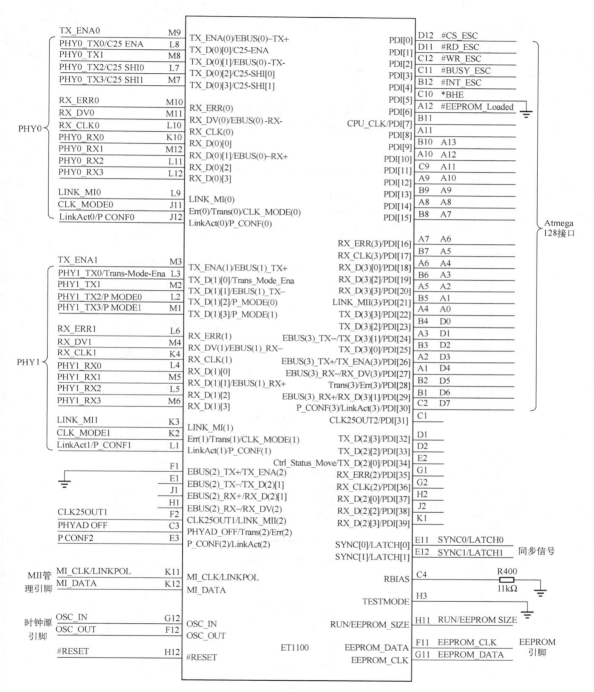

图 4-2 ET1100 与 Atmega128 和 PHY 器件的连接图

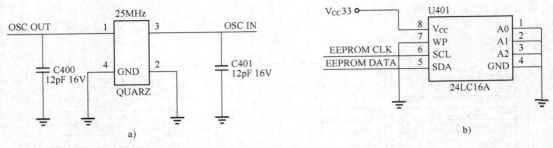

图 4-3　ET1100 时钟源和 EEPROM 接线图

a）外部时钟源连接图　b）EEPROM 连接图

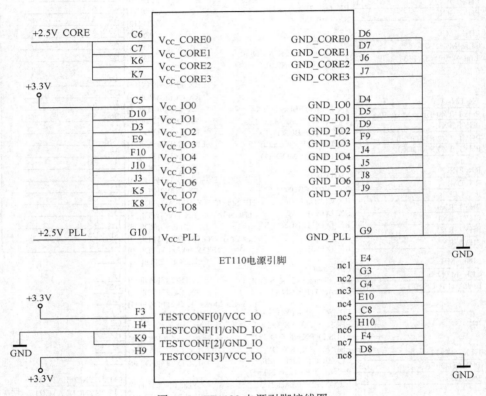

图 4-4　ET1100 电源引脚接线图

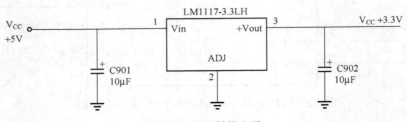

图 4-5　电压转换电路

表 4-3 ET1100 配置引脚的值和功能含义

编号	名　称	引脚	属性	取值	含　义
1	C25_ENA	L8	I	0	不使能 CLK25OUT2 输出
2	C25_SHI[0]	L7	I	0	无 MII TX 相位偏移
3	C25_SHI[1]	M7	I	0	
4	CLK_MODE[0]	J11	I	0	不输出 CPU 时钟信号
5	CLK_MODE[1]	K2	I	0	
6	P_CONF(0)	J12	I	1	端口 0 使用 MII 接口
7	Trans_Mode_Ena	L3	I	0	不使用透明模式
8	P_MODE[0]	L2	I	0	使用 ET1100 端口 0 和 1
9	P_MODE[1]	M1	I	0	
10	P_CONF(1)	L1	I	0	端口 1 使用 MII 接口
11	PHYAD_OFF	C3	I	0	PHY 地址无偏移
12	LINKPOL	K11	I	0	LINK_MII(x) 低有效

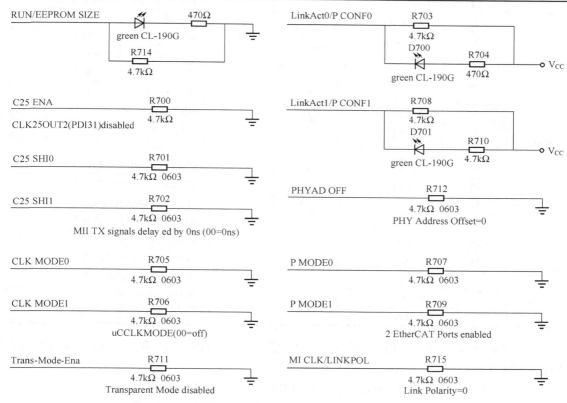

图 4-6　ET1100 配置引脚连接图

4.2.3　MII 接线

图 4-2 ET1100 的接线中左半部分为 MII 接口相关引脚，包括两个 MII 端口引脚：MII 管理引脚、时钟输出引脚等。表 4-4 列出了 MII 相关接线引脚的详细说明。

表 4-4 MII 接线引脚说明

分类	编号	名　　　称	引脚	属性	功　　能
端口 0	1	TX_ENA(0)	M9	O	通过端口 0 MII 发送使能
	2	TX_D(0)[0]	L8	O	通过端口 0 MII 发送数据 0
	3	TX_D(0)[1]	M8	O	通过端口 0 MII 发送数据 1
	4	TX_D(0)[2]	L7	O	通过端口 0 MII 发送数据 2
	5	TX_D(0)[3]	M7	O	通过端口 0 MII 发送数据 3
	6	RX_ERR(0)	M10	I	MII 接收数据错误指示
	7	RX_DV(0)	M11	I	MII 接收数据有效指示
	8	RX_CLK(0)	L10	I	MII 接收时钟
	9	RX_D(0)[0]	K10	I	通过端口 0 MII 接收数据 0
	10	RX_D(0)[1]	M12	I	通过端口 0 MII 接收数据 1
	11	RX_D(0)[2]	L11	I	通过端口 0 MII 接收数据 2
	12	RX_D(0)[3]	L12	I	通过端口 0 MII 接收数据 3
	13	LINK_MII(0)	L9	I	PHY0 指示有效连接
	14	LinkAct(0)	J12	O	LED 输出，用于链接状态显示
端口 1	1	TX_ENA(1)	M3	O	通过端口 1 MII 发送使能
	2	TX_D(1)[0]	L3	O	通过端口 1 MII 发送数据 0
	3	TX_D(1)[1]	M2	O	通过端口 1 MII 发送数据 1
	4	TX_D(1)[2]	L2	O	通过端口 1 MII 发送数据 2
	5	TX_D(1)[3]	M1	O	通过端口 1 MII 发送数据 3
	6	RX_ERR(1)	L6	I	MII 接收数据错误指示
	7	RX_DV(1)	M4	I	MII 接收数据有效指示
	8	RX_CLK(1)	K4	I	MII 接收时钟
	9	RX_D(1)[0]	L4	I	通过端口 1 MII 接收数据 0
	10	RX_D(1)[1]	M5	I	通过端口 1 MII 接收数据 1
	11	RX_D(1)[2]	L5	I	通过端口 1 MII 接收数据 2
	12	RX_D(1)[3]	M6	I	通过端口 1 MII 接收数据 3
	13	LINK_MII(1)	K3	I	PHY1 指示有效连接
	14	LinkAct(1)	L1	O	LED 输出，用于链接状态显示
其他	1	CLK25OUT1	F2	O	输出时钟信号给 PHY 芯片
	2	MI_CLK	K11		MII 管理接口时钟
	3	MI_DATA	K12		MII 管理接口数据

图 4-7 给出 ET1100 与 Micrel 公司的 PHY 器件 KS8721BL 连接的实例电路。KS8721BL 具有以下特点：

1）适用于 100BASE-TX/100BASE-FX/10BASE-T 物理层连接；

2）2.5 V CMOS（金属氧化物半导体）设计，2.5 V/3.3 V I/O 电压；

3）3.3 V 单电源供电，内部集成调压电路，功率消耗小于 340 mW（包括输出驱动电流）；

4）完全符合 IEEE 802.3 协议标准；

5）支持 MII 和 RMII 接口；

6）支持掉电和节电模式；

7）支持 10/100 Mbit/s 波特率和全/半双工模式的自动协商或设置；

8）片上集成前端模拟滤波器；

9）具有链接、活动、全/半双工、冲突和速度等 LED 指示灯；

10）支持 MDI/MDIX 自动交叉。

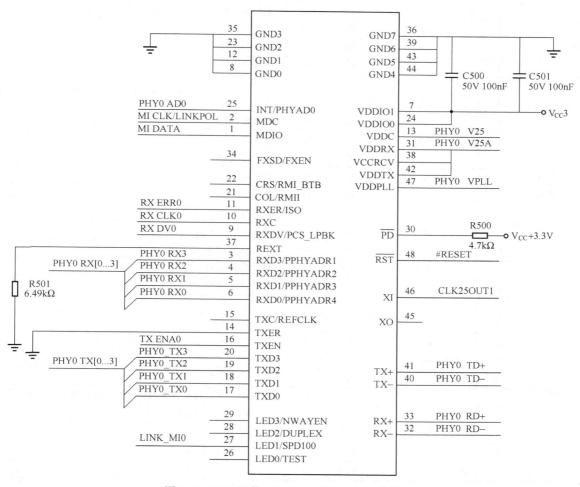

图 4-7　PHY 器件 KS8721 BL 与 ET1100 接线图

4.2.4　微处理器接口引脚接线

图 4-2 的 ET1100 接线中右半部分为微处理器接口引脚接线，包括 8 bit 数据线、14 bit 地址线和相关控制线。表 4-5 列出了 ET1100 与 8 位微处理器接口引脚接线及功能说明。

表 4-5　ET1100 与 8 位微处理器接口引脚接线及功能

分类	编号	名　　称	引脚	属性	功　　能
数据总线	1	D0	B4	I/O	数据总线 bit0
	2	D1	A3	I/O	数据总线 bit1
	3	D2	B3	I/O	数据总线 bit2

分类	编号	名　称	引脚	属性	功　能
数据总线	4	D3	A2	I/O	数据总线 bit3
	5	D4	A1	I/O	数据总线 bit4
	6	D5	B2	I/O	数据总线 bit5
	7	D6	B1	I/O	数据总线 bit6
	8	D7	C2	I/O	数据总线 bit7
地址总线	1	A0	A4	O	地址总线 bit0
	2	A1	B5	O	地址总线 bit1
	3	A2	A5	O	地址总线 bit2
	4	A3	B6	O	地址总线 bit3
	5	A4	A6	O	地址总线 bit4
	6	A5	B7	O	地址总线 bit5
	7	A6	A7	O	地址总线 bit6
	8	A7	B8	O	地址总线 bit7
	9	A8	A8	O	地址总线 bit8
	10	A9	B9	O	地址总线 bit9
	11	A10	A9	O	地址总线 bit10
	12	A11	C9	O	地址总线 bit11
	13	A12	A10	O	地址总线 bit12
	14	A13	B10	O	地址总线 bit13
控制线和状态线	1	* CS_ESC	D12	I	ET1100 片选
	2	* RD_ESC	D11	I	ET1100 读
	3	* WR_ESC	C12	I	ET1100 写
	4	* BUSY_ESC	C11	O	ET1100 操作忙
	5	* INT_ESC	B12	O	ET1100 中断，连接到 Atmega128 的外部中断输入引脚
	6	* BHE	C10	I	ET1100 高字节有效输入控制
	7	* EEPROM_Loaded	A12	O	ET1100 初始化完成信号
	8	SYNC0	E11	O	ET1100 同步信号 0
	9	SYNC1	E12	O	ET1100 同步信号 1

4.3　直接 I/O 控制 EtherCAT 从站硬件设计实例

　　配置 ET1100 的 PDI 接口为 I/O 控制，ET1100 可以直接控制 32 bit 数字量 I/O 信号。作者设计了一种 16 bit 数字量输入和 16 bit 数字量输出的 I/O 控制卡。其 PHY 接口与上一节介绍的相同，PDI 接口直接当作 I/O 信号使用，如图 4-8 所示。由于 ET1100 使用 3.3 V 供电，而外围电路为 5 V 供电，所以在 I/O 引脚都串联了阻值为 330 Ω 的电阻，使其电压匹配。

　　ET1100 的输入和输出引脚经过光电隔离后可以直接用于外部设备的控制。图 4-9 和图 4-10 分别是 8 bit 输出信号和 8 bit 输入信号的光电隔离接线图，使用 TLP521-4 光耦合器件。

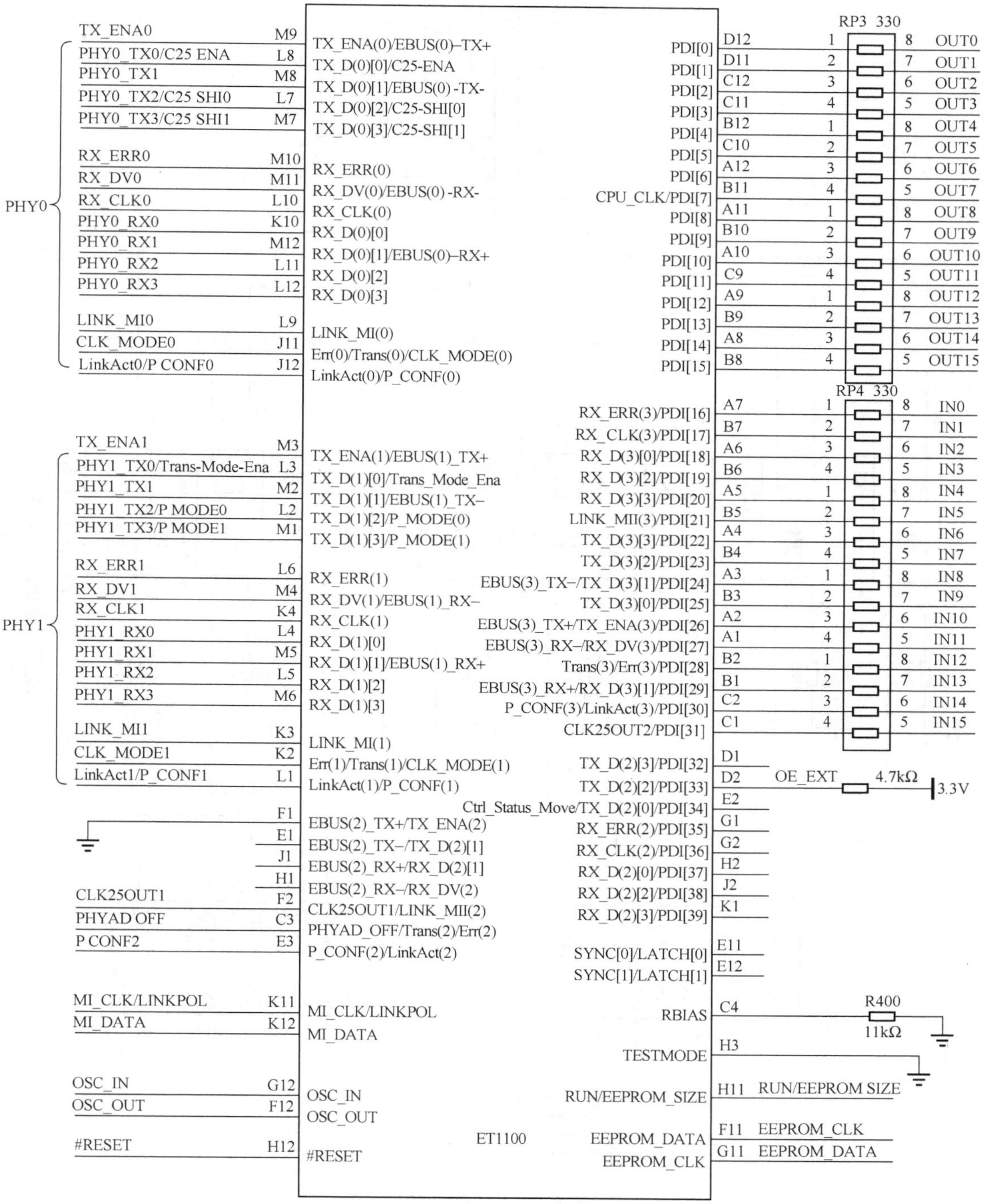

图 4-8 直接 I/O 控制的 ET1100 接线图

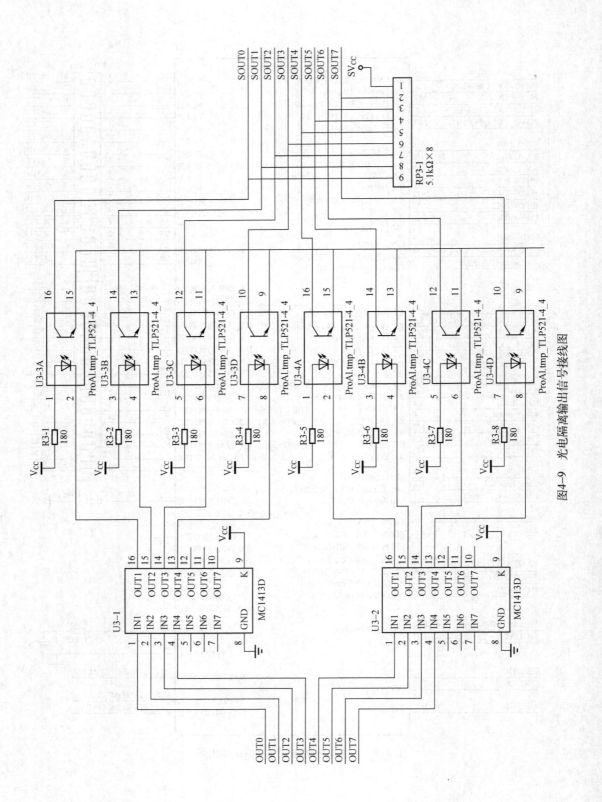

图4-9 光电隔离输出信号接线图

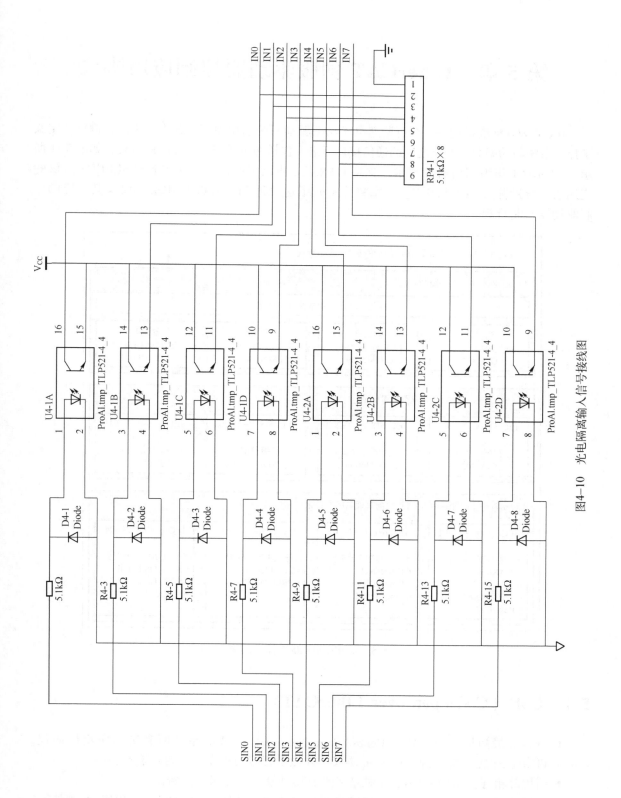

图4-10 光电隔离输入信号号接线图

第 5 章　EtherCAT 伺服驱动器控制应用协议

IEC 61800 标准系列是一个可调速电子功率驱动系统通用规范。其中，IEC 61800—7 定义了控制系统与功率驱动系统之间的通信接口标准，包括网络通信技术和应用行规，如图 5-1 所示。EtherCAT 作为网络通信技术，支持 CANopen 协议中的行规 CiA 402 和 SERCOS 协议的应用层，分别称为 CoE 和 SoE。本章将分别介绍这两种 EtherCAT 应用层协议及其对应的伺服驱动器控制行规。

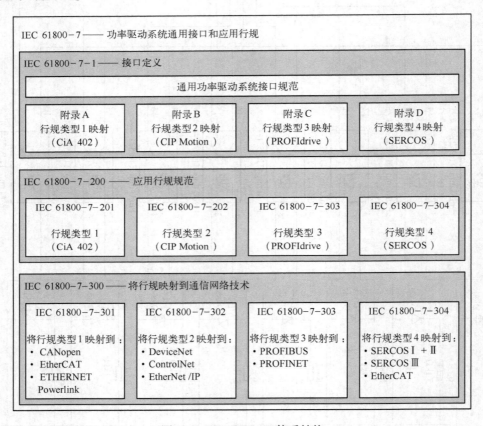

图 5-1　IEC 61800-7 体系结构

5.1　CoE（CANopen over EtherCAT）

CANopen 最初是基于 CAN（Control Aera Network）总线的系统所制定的应用层协议。EtherCAT 协议在应用层支持 CANopen 协议，并做了相应的扩充。主要功能有：
- 使用邮箱通信访问 CANopen 对象字典及其对象，实现网络初始化；
- 使用 CANopen 应急对象和可选的事件驱动 PDO（PHP Data Object，PHP 数据对象）

消息，实现网络管理；

● 使用对象字典映射过程数据，周期性传输指令数据和状态数据。

5.1.1 CoE 对象字典

CoE 协议完全遵从 CANopen 协议，其对象字典的定义也相同，如表 5-1 所示。表 5-2 列出了 CoE 通信数据对象。其中针对 EtherCAT 通信扩展了相关通信对象 0x1C00~0x1C4F，用于设置 SM 通道的类型、通信参数和 PDO 数据分配。

表 5-1　CoE 对象字典定义

索引号范围	含　义
0x0000:0x0FFF	数据类型描述
0x1000:0x1FFF	通信对象，包括： ● 设备类型、标识符、PDO 映射，它们与 CANopen 兼容 ● 没有用到的 CANopen 中定义的数据对象，对 EtherCAT 保留 ● EtherCAT 扩展数据对象
0x2000:0x5FFF	制造商定义对象
0x6000:0x9FFF	行规定义数据对象
0xA000:0xFFFF	保留

表 5-2　CoE 通信数据对象

索　引　号	含　义
0x1000	设备类型，为 32 位整型数。 bit0~15：所使用的设备行规； bit16~31：基于所使用行规的附加信息
0x1001	错误寄存器，8 bit。 bit0：常规错误；　　bit1：电流错误； bit2：电压错误；　　bit3：温度错误； bit4：通信错误；　　bit5：设备行规定义错误； bit6：保留；　　　　bit7：制造商定义错误
0x1008	设备商所生产的设备名称，字符串
0x1009	制造商硬件版本
0x100A	制造商软件版本
0x1018	设备标识符，结构体类型。 子索引 0：参数体数目； 子索引 1：制造商 ID（Vendor ID）； 子索引 2：产品码（Product Code）； 子索引 3：版本号（Revision Number）； 子索引 4：序列号（Serial Number）
0x1600:0x17FF	RxPDO 映射，结构体类型。 子索引 0：参数体数目； 子索引 1：第一个映射的输出数据对象； ⋮ 子索引 n：最后一个映射的输出数据对象
0x1A00:0x1BFF	TxPDO 映射，结构体类型。 子索引 0：参数体数目； 子索引 1：第一个映射的输入数据对象； ⋮ 子索引 n：最后一个映射的输入数据对象

索 引 号	含 义
0x1C00	SM 通道通信类型，子索引 0 定义了所使用 SM 通道的数目，子索引 1~32 定义了相应 SM0~SM31 通道的通信类型，相关通信类型如下。 0：邮箱输出，非周期性数据通信，1 个缓存区写操作； 1：邮箱输入，非周期性数据通信，1 个缓存区读操作； 2：过程数据输出，周期性数据通信，3 个缓存区写操作； 3：过程数据输入，周期性数据通信，3 个缓存区读操作
0x1C10:0x1C2F	过程数据通信时 SM 通道的 PDO 分配。 子索引 0：分配的 PDO 数目； 子索引 1~n：PDO 映射对象索引号
0x1C30:0x1C4F	SM 通道参数。 子索引 1：同步类型（见 2.5.1 节）； 子索引 2：周期时间，单位为 ns； 子索引 3：偏移时间，AL 事件与相关操作之间的偏移时间，单位为 ns

5.1.2 周期性过程数据通信

周期性过程数据通信中，过程数据可以包含多个 PDO 映射数据对象，CoE 协议使用数据对象 0x1C10:0x1C2F 定义相应 SM 通道的 PDO 映射对象列表。以周期性输出数据为例，输出数据使用 SM2 通道，由对象数据 0x1C12 定义 PDO 分配，如图 5-2 所示。表 5-3 列出了其取值实例。

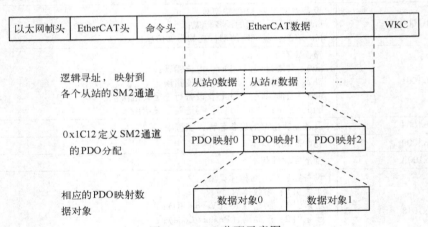

图 5-2　PDO 分配示意图

表 5-3　SM2 通道的 PDO 分配对象数据 0x1C12 的取值实例

子 索 引	数 值	PDO 映射数据对象			
		子索引	数值	数据长度/B	含义
0	3			1	PDO 映射对象数目
1	PDO0，0x1600	0	2	1	数据映射数据对象数目
		1	0x7000:01	2	电流模拟量输出数据
		2	0x7010:01	2	电流模拟量输出数据

子 索 引	数 值	PDO 映射数据对象			
		子索引	数值	数据长度/B	含义
2	PDO1, 0x1601	0	2	1	数据映射数据对象数目
		1	0x7020:01	2	电流模拟量输出数据
		2	0x7030:01	2	电流模拟量输出数据
3	PDO2, 0x1602	0	2	1	数据映射数据对象数目
		1	0x7040:01	2	电流模拟量输出数据
		2	0x7050:01	2	电流模拟量输出数据

根据设备的复杂程度，PDO 过程数据映射又有以下几种形式：

（1）简单的设备不需要映射协议

● 使用固定的过程数据；

● 在从站 EEPROM 中读取，不需要 SDO（Service Data Object，服务数据对象接口）协议。

（2）可读取的 PDO 映射

● 固定过程数据映射；

● 可以使用 SDO 通信读取。

（3）可选择的 PDO 映射

● 多组固定的 PDO，通过 PDO 分配对象 0x1C1x 选择；

● 通过 SDO 通信选择。

（4）可变的 PDO 映射

● 可通过 CoE 通信配置；

● PDO 内容可改变。

5.1.3　CoE 非周期性数据通信

EtherCAT 主站通过读/写邮箱数据 SM 通道实现非周期性数据通信，邮箱数据定义如图 2-26，邮箱通信机制参见 2.5.2 节。CoE 协议邮箱数据结构如图 5-3 所示，其各命令定义如表 5-4 所示。

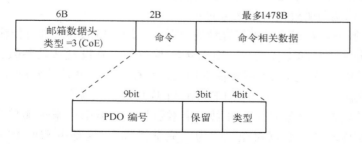

图 5-3　CoE 协议邮箱数据结构

表 5-4　CoE 命令的定义

数 据 元 素	描　　　　述
PDO 编号	用于传输 PDO 时的 PDO 序号
类型	CoE 服务类型。 0：保留； 1：紧急事件信息； 2：SDO 请求； 3：SDO 响应； 4：TxPDO； 5：RxPDO； 6：远程 TxPDO 发送请求； 7：远程 RxPDO 发送请求； 8：SDO 信息服务，可以从站读取对象字典列表和数据对象描述等完整的对象字典信息； 9~15：保留

1. SDO 服务

CoE 通信服务类型 2 和 3 为 SDO（服务数据对象）通信服务，SDO 数据帧格式如图 5-4 所示。SDO 通信服务传输类型有 3 种，如图 5-5 所示，SDO 下载服务中数据帧格式如图 5-6 所示。

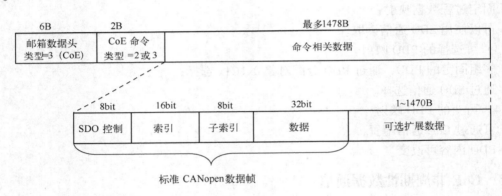

图 5-4　SDO 数据帧格式

1）快速传输服务：与标准的 CANopen 协议相同，只使用 8 B，最多传输 4 B 有效数据；

2）常规传输服务：使用超过 8 B，可以传输超过 4 B 的有效数据，最大可传输的有效数据取决于邮箱 SM 通道所管理的存储区容量；

3）分段传输服务：对于超过邮箱容量的情况，使用分段的方式进行传输。

SDO 传输又分为下载和上传两种，下载传输常用于主站设置从站参数，上传传输用于主站读取从站的性能参数。这两种服务在物理上是对称的，本书只详细介绍下载传输，上传服务请参见参考文献［5］和［6］中的 EtherCAT 应用层协议部分。

SDO 服务在传输数据对象时，既可以指定索引号和子索引号来传输单个数据参数，可以只指定索引号而传输整个数据对象，称为"完全操作"，这是由 SDO 数据控制字节中的 bit4 来决定的。

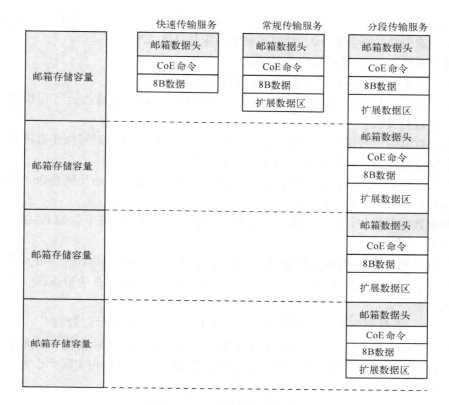

图 5-5   SDO 通信服务传输类型

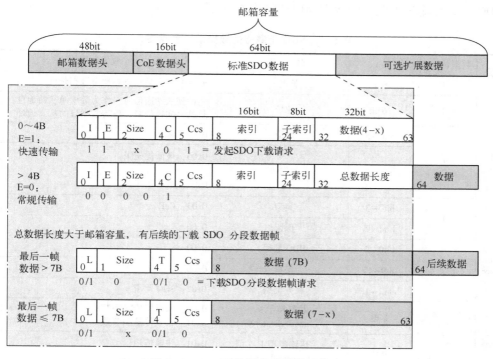

图 5-6   SDO 下载服务中数据帧格式

为了修改 PDO 映射数据对象的内容，在不使用完全操作时，必须按照以下步骤：

- 设置子索引 0 数据参数=0，此时该数据对象被认为无效；
- 配置子索引 1~n 数据参数的映射信息；
- 设置子索引 0 数据参数=所使用的映射数据参数的个数。

如果在子索引 0 数据参数不等于 0 时，对子索引 1~n 数据参数进行了写操作，则需要按照以下方式进行处理：

- 写入的数值等于所保存的数值时：如果参数不是只读属性，则写操作被许可。这可以用来校验设备的配置数据是否等于主站的配置信息。
- 写入的数值不等于所保存的数值时：终止写操作，并返回终止代码 0x06 01 00 03（子索引不能写入，SI0 必须为 0）。

对数据参数的写操作可能会被限定在特定的 EtherCAT 通信状态下，如 PreOp。

（1）SDO 下载传输请求

SDO 下载传输请求数据格式如图 5-6 所示。如果要传输的数据小于 4 B，则使用快速 SDO 传输服务，它完全兼容 CANopen 协议，使用 8 B 数据，其中 4 B 为数据区，数据区中有效字节数为

$$有效字节数=4-SDO 控制字节中 bit2 和 bit3 所表示的数值$$

如果要传输的数据大于 8 B，则使用常规传输服务，用快速传输时的 4 B 表示要传输数据的大小，扩展数据部分用于传输有效数据，有效数据的最大容量和实际大小为

$$有效数据的最大容量=邮箱容量-16$$

$$有效数据的实际大小=邮箱头中长度数据\ n-10$$

SDO 下载传输请求服务的数据帧内容如表 5-5 所示。

表 5-5　SDO 下载服务数据帧内容描述

数据区	数据长度/B	bit	名　称	取值和描述
邮箱头	2	16 bit	长度 n	$n>=0x0A$：后续邮箱服务数据长度
	2	16 bit	地址	主站到从站通信时，作为数据源从站地址； 从站之间通信时，作为数据目的从站地址
	1	bit0~5	通道	0x00：保留
		bit6~7	优先级	0x00：最低优先级； ⋮ 0x03：最高优先级
	1	bit0~3	类型	0x03：CoE
		bit4~7	保留	0x00
CoE 命令	2	bit0~8	PDO 编号	0x00
		bit9~11	保留	0x00
		bit12~15	服务类型	0x02：SDO 请求
SDO 控制数据	1	bit0	数目指示 I （Size Indicator）	0x00：未设置传输字节数； 0x01：设置传输字节数
		bit1	传输类型 E （Transfer Type）	0x01：快速传输； 0x00：常规/分段传输

数据区	数据长度/B	bit	名　　称	取值和描述
SDO控制数据	1	bit2~3	传输字节数（Data Set Size）	4-x：快速传输时的有效数据字节数，x是位2~3表示的数值；0：常规/分段传输时无效
		bit4	完全操作（Complete Access）	0x00：操作由索引号和子索引号检索的参数体；0x01：操作完整的数据对象，子索引应该为0；（包括子索引0）或1（不包括子索引0）
		bit5~7	CoE命令码CCS（CoE Command Specifier）	0x01：下载请求；0x00：分段下载请求
	2	16 bit	索引号	数据对象索引号
	1	8 bit	子索引号	操作参数体子索引号
	4	32 bit	数据	快速传输时，为数据；常规传输时，为传输数据对象的总字节数，如果本次传输的有效数据数目小于总数据长度，则后续有分段传输数据
	n-10		扩展数据	常规传输的扩展数据，传输有效数据

（2）SDO分段下载传输

在常规下载传输时，如果传输数据对象的总数量大于本次传输的允许数据数量，则必须使用后续的分段下载传输服务，其数据帧格式如图 5-6 所示，数据帧内容描述如表 5-6 所示。

表 5-6　分段下载服务数据帧内容描述

数据区	数据长度/B	bit	名　　称	取值和描述
邮箱头	2	16 bit	长度 n	n>=0x0A：后续邮箱服务数据长度
	2	16 bit	地址	主站到从站通信时，作为数据源从站地址从站之间通信时，作为数据目的从站地址
	1	bit0~5	通道	0x00：保留
		bit6~7	优先级	同表 5-5 相应内容
	1	bit0~3	类型	0x03：CoE
		bit4~7	保留	0x00
CoE命令	2	bit0~8	PDO编号	0x00
		bit9~11	保留	0x00
		bit12~15	服务类型	0x02：SDO请求
SDO控制数据	1	bit0	是否有后续分段	0x00：有后续传输分段；0x01：最后一个下载分段
		bit1~3	分段数据数目（SegData Size）	7-x：最后7B中的有效数据数目，x是位1~3表示的数值
		bit4	翻转握手位（Toggle）	每次SDO下载分段请求时翻转，从0x00开始
		bit5~7	CoE命令码CCS（CoE Command Specifier）	0x01：下载请求；0x00：分段下载请求
	n-3		数据	分段传输数据

（3）SDO 下载响应

从站收到 SDO 下载请求之后，执行相应处理，然后将响应数据写入输入邮箱 SM1 中，由主站读走。主站只有得到正确的响应之后才能执行下一步 SDO 操作。正确的 SDO 下载响应数据格式如图 5-7 所示，SOD 下载响应数据内容描述如表 5-7 所示。

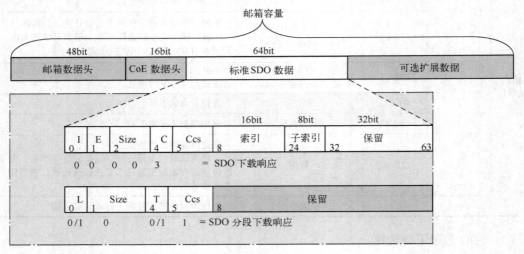

图 5-7　SDO 下载响应数据格式

表 5-7　SDO 下载响应数据内容描述

下载方式	数据区	数据长度/B	bit	名　称	取值和描述
		2	16 bit	长度 n	n>=0x0A：后续邮箱服务数据长度
		2	16 bit	地址	主站到从站通信时，作为数据源从站地址 从站之间通信时，作为数据目的从站地址
	邮箱头	1	bit0～5	通道	0x00：保留
			bit6～7	优先级	同表 5-5 相应内容
		1	bit0～3	类型	0x03：CoE
			bit4～7	保留	0x00
			bit0～8	PDO 编号	0x00
	CoE 命令	2	bit9～11	保留	0x00
			bit12～15	服务类型	0x03：SDO 响应
快速和 正常下载	快速和 正常传输 SDO 数据	1	bit0	数目指示 I	0x00
			bit1	传输类型 E	0x00
			bit2～3	传输数目	0
			bit4	完全操作	同表 5-5 相应内容
			bit5～7	CoE 命令码 CCS	0x03：下载响应； 0x01：分段下载响应
		2	16 bit	索引号	数据对象索引号
		1	8 bit	子索引号	操作参数体子索引号
		4	32 bit	保留	保留

下载方式	数据区	数据长度/B	bit	名　　称	取值和描述
分段下载	分段下载响应 SDO	1	bit0~3	保留	0x00
			bit4	翻转位	与相应的分段下载请求相同
			bit5~7	CoE 命令码 CCS	0x03：下载响应
		7		保留	

（4）终止 SDO 传输

在 SDO 传输过程中，如果某一方发现有错误，可以发起终止 SDO 传输请求，对方收到此请求后，停止当前 SDO 传输。终止 SDO 传输请求不需要应答。表 5-8 描述了相关数据内容。其中 SDO 数据中有 4 B 的终止代码，表示了终止传输的具体原因，由表 5-9 定义。

表 5-8　终止 SDO 传输请求数据内容描述

数 据 区	数据长度/B	bit	名　　称	取值和描述
邮箱头	2	16 bit	长度 n	n = 0x0A：后续邮箱服务数据长度
	2	16 bit	地址	主站到从站通信时，作为数据源从站地址；从站之间通信时，作为数据目的从站地址
	1	bit0~5	通道	0x00：保留
		bit6~7	优先级	同表 5-5 相应内容
	1	bit0~3	类型	0x03：CoE
		bit4~7	保留	0x00
CoE 命令	2	bit0~8	PDO 编号	0x00
		bit9~11	保留	0x00
		bit12~15	服务类型	0x02：SDO 请求
SDO 控制数据	1	bit0	数目指示 I	0x00
		bit1	传输类型 E	0x00：常规/分段传输
		bit2~3	传输数目	0x00：常规/分段传输
		bit4	保留	
		bit5~7	CoE 命令码 CCS	0x04：终止传输请求
	2	16 bit	索引号	数据对象索引号
	1	8 bit	子索引号	操作参数体子索引号
	4	32 bit	终止代码	表示终止传输的原因，见表 5-9

表 5-9　终止 SDO 传输的代码

序　　号	代　码　值	含　　义
1	0x05 03 00 00	分段传输时翻转位无变化
2	0x05 04 00 00	SDO 传输超时
3	0x05 04 00 01	命令码无效或未知
4	0x05 04 00 05	内存溢出
5	0x06 01 00 00	不支持对某一对象的操作

序　号	代　码　值	含　义
6	0x06 01 00 01	读一个只写数据对象
7	0x06 01 00 03	子索引不能写入，SI0 必须为 0
8	0x06 01 00 04	对于可变长度数据对象不支持 SDO 完全访问，如 enum（枚举）数据类型
9	0x06 01 00 05	对象长度超过了邮箱容量
10	0x06 01 00 06	数据对象映射到 RxPDO，SDO 下载时阻塞。这个可选的代码只能用于 SAFEOP 和 OP 状态下
11	0x06 03 00 02	写一个只读数据对象
12	0x06 02 00 00	数据对象在数据字典中不存在
13	0x06 04 00 41	数据对象不能被映射到 PDO 中
14	0x06 04 00 42	要映射的数据对象的数量和长度超过了 PDO 数据长度
15	0x06 04 00 43	常规的参数不兼容
16	0x06 04 00 47	设备中常规内部不兼容
17	0x06 06 00 00	由于硬件错误导致操作失败
18	0x06 07 00 10	数据类型不匹配，服务参数长度不匹配
19	0x06 07 00 12	数据类型不匹配，服务参数长度过长
20	0x06 07 00 13	数据类型不匹配，服务参数长度过短
21	0x06 09 00 11	子索引不存在
22	0x06 09 00 30	写操作时，写入数据值超出范围
23	0x06 09 00 33	配置的模块列表与检测到的模块列表不匹配。在 0xF03x 可写但与 0xF05x 不匹配时使用
24	0x06 09 00 31	写入数据值太大
25	0x06 09 00 32	写入数据值太小
26	0x06 09 00 36	最大值小于最小值
27	0x08 00 00 00	普通错误
28	0x08 00 00 20	数据不可以被传输或保存到应用程序
29	0x08 00 00 21	由于本地控制原因，数据不可以被传输或保存到应用程序
30	0x08 00 00 22	由于当前设备状态原因，数据不可以被传输或保存到应用程序
31	0x08 00 00 23	对象字典动态生成错误，或没有找到对象字典

（5）SDO 下载传输举例

图 5-8 为 SDO 快速下载传输实例，主站要下载的有效数据小于 4 B，使用快速传输服务。主站先发送快速 SDO 下载请求到从站 SM0 通道，从站读取邮箱数据后，执行相应操作，并将响应数据写入输入邮箱 SM1 通道。主站读 SM1 通道，读到有效数据后，根据响应数据判断下载请求的执行结果。图 5-8 中箭头表示有效数据的方向，从站到主站的有效数据也需要由主站发送读数据子报文来读取。

图 5-9 为 SDO 常规下载传输实例，主站要下载的有效数据大于 4 B，且小于邮箱容量，所以使用扩展数据区进行传输，传输过程和快速下载传输类似。

图 5-10 为 SDO 分段下载传输实例，主站要下载的有效数据大于邮箱容量，所以必须分段传输，每一个传输步骤必须得到正确的响应才能继续后续步骤。

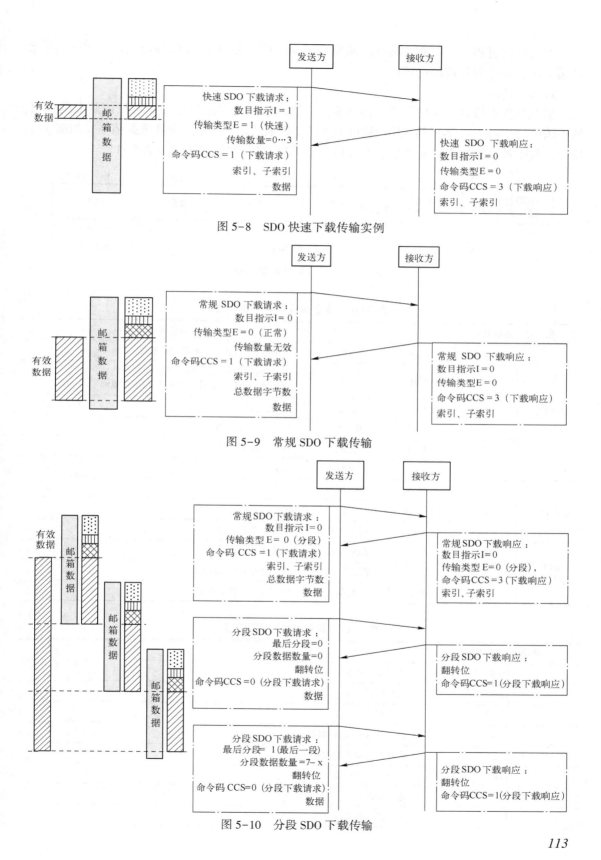

图 5-8　SDO 快速下载传输实例

图 5-9　常规 SDO 下载传输

图 5-10　分段 SDO 下载传输

在传输的过程中，如果主站或从站发现错误，则发起终止 SDO 传输请求，另一方收到此请求后，停止当前传输过程。

2. 紧急事件

紧急事件由设备内部的错误事件触发，其诊断信息会发送给主站。其只按照大类列出，错误码中的"××"在不同的应用层协议中进行了详细的定义。紧急事件数据帧格式如图 5-11 所示，其中各个数据内容描述如表 5-10 所示。紧急事件错误码定义见表 5-11。

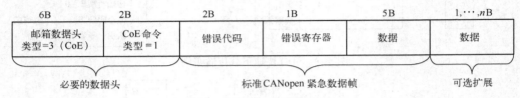

图 5-11　紧急事件数据帧格式

表 5-10　紧急事件数据内容描述

数　据　区	数据长度/B	bit	名　　称	取值和描述
邮箱头	2	16 bit	长度	$n=0x0A$：后续邮箱服务数据长度
	2	16 bit	地址	主站到从站通信时，作为数据源从站地址；从站之间通信时，作为数据目的从站地址
	1	bit0~5	通道	0x00：保留
		bit6~7	优先级	同表 5-5 相应内容
	1	bit0~3	类型	0x03：CoE
		bit4~7	保留	0x00
CoE 命令	2	bit0~8	PDO 编号	0x00
		bit9~11	保留	0x00
		bit12~15	服务类型	0x01：紧急数据
SDO 控制数据	2	16 bit	紧急错误码	见表 5-11
	1	8 bit	错误寄存器	映射数据对象 0x1001
	5	40 bit	数据	制造商定义错误信息

表 5-11　紧急事件错误码定义

错误码（16 进制）	含　　义
00xx	错误复位或无错误
10xx	常规错误
20xx	电流错误
21xx	设备输入端电流错误
22xx	设备内部电流错误
23xx	设备输出端电流错误
30xx	电压错误
31xx	主电路电压错误

错误码（16 进制）	含　义
32xx	设备内部电压错误
33xx	设备输出电压错误
40xx	温度错误
41xx	环境温度
42xx	设备温度
50xx	设备硬件错误
60xx	设备软件错误
61xx	内部软件错误
62xx	用户软件错误
63xx	数据错误
70xx	附加模块错误
80xx	监控
81xx	通信错误
82xx	协议错误。 8210：PDO 由于长度错误而未被处理； 8220：PDO 超长
90xx	外部错误
A0xx	EtherCAT 状态机错误
F0xx	附加功能
FFxx	设备自定义

5.1.4　应用层行规

CoE 完全遵从 CANopen 的应用层行规，CANopen 标准应用层行规主要有：

1) CiA 401：I/O 模块行规。
2) CiA 402：伺服和运动控制行规。
3) CiA 403：人机接口行规。
4) CiA 404：测量设备和闭环控制行规。
5) CiA 406：编码器行规。
6) CiA 408：比例液压阀等。

本节介绍 CiA 402：伺服和运动控制行规。

1. CiA 402 行规通用数据对象字典

数据对象 0x6000：0x9FFF 为 CANopen 行规定义数据对象，一个从站最多控制 8 个伺服驱动器，给每个伺服驱动器分配 0x800 个数据对象。第一个伺服驱动器使用 0x6000：0x7FF 的数据字典范围，后续伺服驱动器在此基础上以 0x800 的偏移量使用数据字典。每个内部模块的数据对象号等于 $0x6xxx + n \times 0x800$，CiA 402 基本数据对象如表 5-12 所定义。

表 5-12　CiA 402 基本数据对象

索 引 号	类 型	含义及取值
0x6402	16 bit 整型	从站控制电动机类型。 0：非标准电动机　　　　　　　　1：调相直流电动机 2：频率控制的直流电动机　　　　3：永磁同步电动机 4：变频控制同步电动机　　　　　5：开关磁阻电动机 6：交流异步绕线转子电动机　　　7：笼型交流异步电动机 8：步进电动机　　　　　　　　　9：细分步进电动机 10：正弦波永磁无刷电动机　　　11：方波永磁无刷电动机 12：交流同步磁阻电动机　　　　13：直流永磁电动机 14：直流串励电动机　　　　　　15：直流并励电动机 16：直流复励电动机
0x6403	字符串	由制造商提供的电动机规格代码（catalogue number）
0x6404	字符串	电动机制造商名称
0x6405	字符串	电动机样本网址
0x6406	日期	电动机上次检测的日期
0x6407	16 bit 整型	电动机的服务周期
0x6503	字符串	伺服驱动器规格代码（catalogue number）
0x6505	字符串	伺服驱动器制造商的网址

2. 功率驱动控制状态机

CiA 402 定义功率驱动设备的控制状态机，如图 5-12 所示。表 5-13 详细描述了每个状态转化的触发事件和所执行操作。只有相关操作正确完成之后才能切换到新的状态。

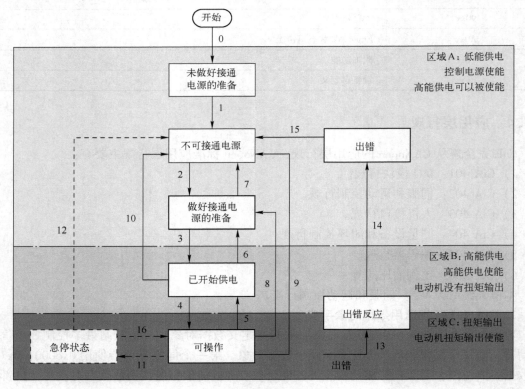

图 5-12　功率驱动设备控制状态机

116

表 5-13 状态转化的触发事件和执行操作

状态转化	触发事件	执行操作
0	上电或复位后自动转化	伺服设备自检，如果需要，则执行相关初始化动作
1	自动转化	启动通信功能
2	从主站获得切断电源命令	无
3	从主站获得接通电源命令	如果条件满足，接通高能电源
4	从主站获得使能伺服运行命令	使能伺服运行功能，清除内部设定的指令
5	从主站获得停止伺服运行命令	停止伺服运行功能
6	从主站获得切断电源命令	如果条件满足，切断高能电源
7	从主站获得急停或停止供电命令	
8	从主站获得切断电源命令	伺服功能失效，如果条件满足，切断高能电源
9	从主站获得停止供电命令	伺服功能失效，如果条件满足，切断高能电源
10	从主站获得急停或停止供电命令	如果条件满足，切断高能电源
11	从主站获得急停命令	启动紧急停止功能
12	急停功能执行完成后，如果快速停止命令选项码为1、2、3、4，或从主站收到关断电源命令	停止伺服驱动功能，如果条件满足，切断高能电源
13	出错	执行相应配置的错误反应功能
14	自动转换	停止伺服驱动功能，如果条件满足，切断高能电源
15	从主站接收错误复位命令	设备无错误存在时，执行错误条件复位；离开出错状态后，控制字中错误复位的位应该被控制设备清除
16	如果快速停止命令选项码为5、6、7或8，收到使能运行命令后执行	使能驱动功能 不推荐使用这个转化

1）图中虚线的状态为可选项，细线框的状态可以由从站主动切换，而粗线框内的状态必须由主站进行检查和切换；

2）区域 A 中只有低能电源使能，高能电源也有可能为了给低能电源供电而使能；低能电源是指 24 V 等控制部分的供电，高能电源指 230 V 或 380 V 的主电路供电；

3）区域 B 中高能供电有效，但是电动机没有扭矩输出。此时设定的指令数据应该被忽略；

4）区域 C 中的状态为：做好伺服运行的准备，电动机有扭矩输出，设定的指令数据应该被执行。

主站通过写控制字给从站以控制从站的状态，从站通过状态字来反馈自己的当前状态。控制字数据对象 0x6040 的定义见表 5-14。状态字数据对象 0x6041 的定义见表 5-15。其中的分类也沿用了 CANopen 的定义，M 表示强制的（Mandatory），C 表示有条件的（Conditional），O 表示可选的（Optional），R 表示推荐的（Recommended）。

表 5-14 控制字数据对象 0x6040 定义

bit	含　义	分　类	备　注
bit0	接通电源	M	0→1：接通电源，对应状态转化3； 1→0：切断电源，对应状态转化2、6、8

bit	含　义	分　类	备　注
bit1	使能供电	M	0→1：使能供电，对应状态转化 3； 1→0：停止供电，对应状态转化 7、9、10、12
bit2	紧急停止	C	1→0：紧急停止，支持急停状态时有效，对应状态转化 7、10、11
bit3	使能运行	M	0→1：使能运行，对应状态转化 4、16； 1→0：停止运行，对应状态转化 5
bit4~6	运行模式相关	O	
bit7	复位错误	M	对应状态转化 15
bit8	暂停	O	
bit9	运行模式相关	O	
bit10	保留	O	
bit11~15	制造商自定义	O	

表 5-15　状态字数据对象 0x6041 定义

bit	含　义	分　类	备　注
bit0	做好接通电源的准备	M	1：已做好接通电源的准备
bit1	电源已接通状态	M	1：电源已经接通
bit2	运行伺服使能状态	M	1：使能伺服运行
bit3	出错状态	M	1：已出错
bit4	电源使能状态	O	1：高能电源使能
bit5	急停状态	C	0：处于急停状态； 1：不支持急停或急停功能没有运行
bit6	不可接通状态	M	0：处于不可接通的电源状态
bit7	报警	O	1：发生报警
bit8	制造商定义	O	
bit9	远程	O	1：控制字被处理； 0：控制字未被处理
bit10	目标指令到达	O	1：达到目标指令值
bit11	内部限制启动	O	1：超过内部极限而不能达到目标指令值，如硬件限位开关、电流限制或热过载
bit12	放弃目标指令	M	1：由于本地原因驱动器不能跟随目标值
bit13	运行状态定义	O	
bit14~15	制造商定义	O	

3. 运行模式

伺服驱动器按照所设定的运行模式运行，设备可以实现多种运行模式。推荐伺服驱动器的运行模式如表 5-16 所示。主站通过写数据对象 0x6060 来设定运行模式，从站驱动设备用数据对象 0x6061 表示实际运行模式。0x6060 和 0x6061 的数据类型都是字节型。

表 5-16　CiA 402 运行模式

编　码	运 行 模 式	缩　写	分　类	备　注
-128~-1	制造商定义运行模式			
0	没有分配运行模式			
1	定位	pp（profile position）	O	
2	速度	vl（Velocity）	O	变频器控制
3	升降速	pv（profile Velocity）	O	
4	扭矩	tq（Torque）	O	
5	保留	r（Reserved）		
6	回零	hm（Homing）	C	支持回零功能时必备
7	插补位	ip（interpolation position）	O	
8	周期性同步位置	csp（cyclic synchronous position）	C	支持位控功能时必备
9	周期性同步速度	csv（cyclic synchronous velocity）	C	支持速度功能时必备
10	周期性同步扭矩	cst（cyclic synchronous torque）	C	支持扭矩功能时必备
11~127	保留			

数据对象 0x6062 表示驱动设备支持的运行模式，按位定义，每一位对应一种运行模式，如图 5-13 所示。

图 5-13　数据对象 0x6062 定义

其中周期性同步运行模式是 CoE 对 CiA 402 的扩展，在数控设备中得到广泛应用。

（1）周期性同步位置（cyclic synchronous position，csp）控制运行模式

周期性同步位置控制运行模式结构如图 5-14 所示，位置指令由控制主站生成，它向驱动设备发送周期性同步的位置指令值。驱动设备执行位置控制、速度控制和扭矩控制。这样

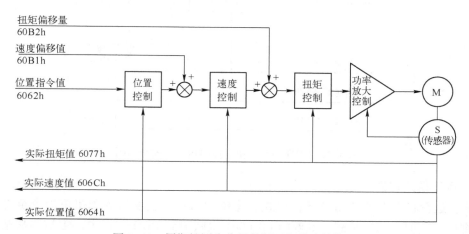

图 5-14　周期性同步位置控制运行模式结构图

多个伺服驱动装置可以实现严格的同步协调运动，实现精密的轮廓轨迹控制。另外，控制主站也可以提供附加的速度和扭矩值，实现速度和扭矩的前馈控制。驱动设备可以向控制设备提供实际位置值、实际速度值和实际扭矩值。伺服设备也监测跟随误差、实现速度限制和急停功能。

（2）周期性同步速度（cyclic synchronous velocity，csv）控制运行模式

周期性同步速度控制模式结构如图 5-15 所示，控制主站周期性地向驱动设备发送目标速度指令。驱动设备运行速度控制和扭矩控制，如果需要位置环可以通过控制主站而闭合。控制主站也可以提供附加扭矩值，实现扭矩前馈控制。驱动设备可以向控制主站提供实际位置值、实际速度值和实际扭矩值。

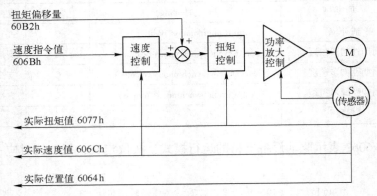

图 5-15　周期性同步速度控制运行模式结构图

（3）周期性同步扭矩（cyclic synchronous torque，cst）控制运行模式

周期性同步扭矩控制运行模式结构如图 5-16 所示。控制主站周期性地向驱动设备发送目标扭矩指令，驱动设备运行扭矩控制。驱动设备可以向控制主站提供实际位置值、实际速度值和实际扭矩值。

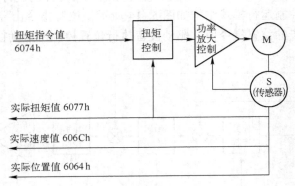

图 5-16　周期性同步扭矩控制运行模式结构图

（4）运行模式切换

为了在运行状态下动态切换运行模式，将位置指令、速度指令和扭矩指令全部映射到 PDO 数据中，同时将运行模式 0x6060 和 0x6061 也映射到 PDO 数据中，主站和从站按照实际运行模式选用 PDO 中的映射数据，如表 5-17 所示。一次运行模式切换的步骤如下：

- 初始化完成后，运行于某一模式下，主站负责更新所有与当前运行模式相关的过程数据；
- 如果主站选择了一种新的运行模式，RxPDO 中的运行模式数据对象 0x6060 为新选用的模式代码；
- 从站收到 RxPDO 数据，发现运行模式发生改变后，进行内部模式切换，这需要一定时间，此时仍反馈旧模式下的过程数据信息；
- 主站在此中间状态下必须同时发送旧运行模式和新运行模式的有效数据，直到从站反馈的实际运行模式等于主站设置的运行模式；
- 控制字中的模式相关位必须与 RxPDO 中的运行模式保持一致，包括处于中间状态时；
- 状态字中的模式相关位必须与 TxPDO 中的实际运行模式保持一致，包括处于中间状态时。

表 5-17 动态切换运行模式时的 PDO 中的映射数据

PDO 映射参数	映射数据	含义	数据长度/B
RxPDO 映射参数 0x1704，主站发送给从站的指令数据	0x6062:00	位置指令值	4
	0x606B:00	速度指令值	4
	0x6074:00	扭矩指令值	2
	0x6060:00	运行模式	1
	0x6040:00	控制字	2
TxPDO 映射参数 0x1B08，从站发送给主站的反馈数据	0x6064:00	实际位置值	4
	0x6077:00	实际扭矩值	2
	0x60F4:00	跟随误差	4
	0x6061:00	实际运行模式	1
	0x6041:00	状态字	2

5.2 SoE（SERCOS over EtherCAT）

SERCOS 协议是一种高性能的数字伺服实时通信接口协议，于 1995 年被批准为国际标准 IEC 61491。它包括通信技术和多种设备行规。SoE 是指在 EtherCAT 协议下运行 SERCOS 协议定义的伺服设备行规，使用 EtherCAT 通信网络和协议操作 SERCOS 设备行规定义的伺服参数和控制数据，EtherCAT 通信网络不传输 SERCOS 接口链路层协议。SoE 协议允许在 EtherCAT 环境中集成基于 SERCOS 设备的行规，包括 SERCOS 状态机（通信阶段）、同步、过程数据通信和通过服务通道访问 IDN 参数。详细的 SERCOS 协议请参考作者的另外一本专著《数字伺服通信协议 SERCOS 驱动程序设计及应用》。SoE 协议的内容主要包括：

1）EtherCAT 状态机与 SERCOS 通信阶段的对应；

2）SoE 对 SERCOS 协议 IDN 参数的继承；

3）SERCOS 周期性数据报文中主站数据报文（Master Data Telegram，MDT）和伺服报文（Amplifier Telegram，AT）与 EtherCAT 周期性数据帧传输的对应；

4）取消MST（Master Sync Telegram，主站同步报文），由EtherCAT分布时钟实现精确同步；

5）SERCOS服务通道与EtherCAT邮箱通信的对应，实现IDN访问操作。

5.2.1 SoE状态机

SERCOS状态机与EtherCAT状态机的比较如图5-17所示。

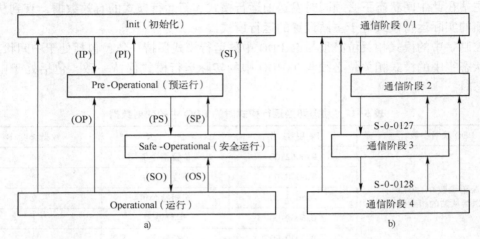

图5-17 EtherCAT状态机与SERCOS状态机比较

a）EtherCAT状态机　b）SERCOS状态机

1）SERCOS状态机通信阶段0和1被EtherCAT初始化状态覆盖；

2）SERCOS状态机通信阶段2对应于预运行状态，允许使用邮箱通信实现服务通道，操作IDN参数；

3）SERCOS状态机通信阶段3对应于安全运行状态，开始传输周期性数据，只有输入数据有效，输出数据被忽略，同时可以实现时钟同步；

4）SERCOS状态机通信阶段4对应运行阶段，所有的输入和输出都有效；

5）不使用SERCOS协议的阶段切换过程命令S-0-0127（通信阶段3切换检查）和S-0-0128（通信阶段4切换检查），分别由PS和SO状态转化取代；

6）SERCOS协议只允许通信阶段由高向低切换到通信阶段0，而EtherCAT允许任意的状态进行由高向低的切换。例如从运行状态切换到安全运行状态，或从安全运行状态切换到预运行状态。SoE也应该支持这种切换，如果从站不支持，则应该在EtherCAT AL状态寄存器中设置错误位。

5.2.2 IDN继承

SoE协议继承SERCOS协议中关于IDN参数的定义。每个参数都有一个唯一的16 bit标识号IDN，对应一个唯一的数据块，保存参数的全部信息。数据块由7个元素组成，IDN数据块结构如表5-18所示。IDN参数又分为标准数据和产品数据两类，每类又分为8个参数组，使用不同的IDN表示，IDN编号定义如表5-19所示。

表 5-18　IDN 数据块结构

元素 1	IDN	必备
元素 2	名称	可选
元素 3	属性	必备
元素 4	单位	可选
元素 5	最小允许值	可选
元素 6	最大允许值	可选
元素 7	数据值	必备

表 5-19　IDN 编号定义

位	15	14~12	11~0
含义	分类	参数组	数据编号
取值	0：标准数据 S 1：产品数据 P	0~7：8 个参数组	0000~4095

在使用 EtherCAT 作为通信网络时，取消了一些在 SERCOS 协议中用于通信接口控制的 IDN，取消的 IDN 如表 5-20 所示。此外，还对一些 IDN 的定义做了修改，修改定义的 IDN 如表 5-21 所示。

表 5-20　取消的 IDN

IDN	描　　述
S-0-0003	AT 发送开始时间（T1$_{min}$）的最小值
S-0-0004	发送到接收状态切换时间（TATMT）
S-0-0005	反馈采样提前时间（T4$_{min}$）的最小值
S-0-0009	主站数据报文中的开始地址（MDT POS）
S-0-0010	主站数据报文长度（MDT LEN）
S-0-0088	接收 MDT 后做好接收 MST 准备所需要的恢复时间
S-0-0090	命令值处理时间
S-0-0127	通信阶段 3 切换检查，由 EtherCAT "PS" 状态切换替代，如果切换失败，失败原因保存在 IDN S-0-0021
S-0-0128	通信阶段 4 切换检查，由 EtherCAT "SO" 状态切换替代，如果切换失败，失败原因保存在 IDN S-0-0022

表 5-21　修改定义的 IDN

IDN	原　功　能	新　功　能
S-0-0006	AT 发送开始时间（T1）	在从站内部，同步信号之后应用程序向 ESC 存储区写入 AT 数据的时间偏移
S-0-0014	通信接口状态	映射从站 DL 状态、AL 状态和 AL 状态码
S-0-0028	MST（Master Sync Telegram，主站同步报文）错误计数	映射从站 RX 错误计数器和链接丢失计数器
S-0-0089	MDT 发送开始时间（T2）	在从站内部，同步信号之后可从 ESC 存储区得到新的 MDT 数据的时间偏移

5.2.3 SoE 过程数据映射

输出过程数据（MDT 数据内容）和输入过程数据（AT 数据内容）由 S-0-0015、S-0-0016 和 S-0-0024 配置。过程数据中不包括服务通道数据，只有周期性过程数据。输出过程数据包括伺服控制字和指令数据，输入过程数据包括状态字和反馈数据。S-0-0015 设定了周期性过程数据的类型，参数 S-0-0015 定义如表 5-22 所示。主站在"预运行"阶段通过邮箱通信写这 3 个参数，配置周期性过程数据的内容。

表 5-22   参数 S-0-0015 定义

S-0-0015	指 令 数 据	反 馈 数 据
0：标准类型 0	无指令数据	无反馈数据
1：标准类型 1	扭矩指令值 S-0-0080（2 B）	无反馈数据
2：标准类型 2	速度指令值 S-0-0036（4 B）	速度反馈值 S-0-0040（4 B）
3：标准类型 3	速度指令值 S-0-0036（4 B）	位置反馈值 S-0-0051（4 B），或位置反馈值 S-0-0053（4 B）
4：标准类型 4	位置指令值 S-0-0047（4 B）	位置反馈值 S-0-0051（4 B），或位置反馈值 S-0-0053（4 B）
5：标准类型 5	位置指令值 S-0-0047（4 B）+速度指令值 S-0-0036（4 B）	位置反馈值 S-0-0051（4 B），或位置反馈值 S-0-0053（4 B）+速度反馈值 S-0-0040（4 B）
6：标准类型 6	速度指令值 S-0-0036（4 B）	无反馈数据
7：自定义	S-0-0024 配置	S-0-0016 配置

主站输出过程数据映射如图 5-18 所示，指令数据由 S-0-0024 配置，S-0-0016 和 S-0-0024 的定义如表 5-23 所示。伺服控制字的定义如表 5-24 所示。

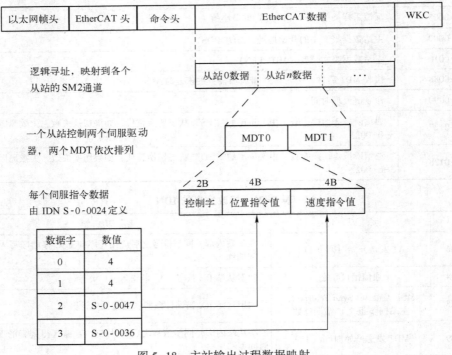

图 5-18   主站输出过程数据映射

表 5-23　S-0-0016 和 S-0-0024 的定义

数　据　字	S-0-0024	S-0-0016
0	输出数据最大长度（Word）	输入数据最大长度（Word）
1	输出数据实际长度（Word）	输入数据实际长度（Word）
2	指令数据映射的第 1 个 IDN	反馈数据映射的第 1 个 IDN
3	指令数据映射的第 2 个 IDN	反馈数据映射的第 2 个 IDN
⋮	⋮	⋮

表 5-24　伺服控制字的定义

bit	描　　述
bit15	伺服动力电的通/断。 0：伺服动力电断开，当从"1"变为"0"时，伺服以最优方式减速，在速度达到 n_{min} 时停止扭矩输出； 1：伺服动力电接通
bit14	伺服环启动/停止。 0：伺服退出，当从"1"变为"0"时，停止扭矩输出（独立于位 15 和位 13）； 1：伺服就绪，进入正常工作状态
bit13	当 bit15 和 bit14 均为"1"时，暂停/重新启动伺服。 0：暂停伺服，当从"1"变为"0"时，伺服驱动器停止，控制环保持闭合 1：重新启动伺服，当从"0"变为"1"时，伺服驱动器按加速度参数执行当前功能
bit12	保留
bit10	控制单元同步位，初始值为 0。在周期性运行阶段有效，随着控制单元通信周期而翻转，表示命令数据值的更新
bit11，bit9，bit8	运行模式选择
0 0 0	主运行模式，由 IDN S-0-0032 定义
0 0 1	辅助运行模式 1，由 IDN S-0-0033 定义
0 1 0	辅助运行模式 2，由 IDN S-0-0034 定义
0 1 1	辅助运行模式 3，由 IDN S-0-0035 定义
1 0 0	辅助运行模式 4，由 IDN S-0-0284 定义
1 0 1	辅助运行模式 5，由 IDN S-0-0285 定义
1 1 0	辅助运行模式 6，由 IDN S-0-0286 定义
1 1 1	辅助运行模式 7，由 IDN S-0-0287 定义
bit7	实时控制功能位 2，由 S-0-0302 定义
bit6	实时控制功能位 1，由 S-0-0300 定义
bit5，bit4，bit3，bit2，bit1	保留
位 0	翻转

输入过程数据也是从站反馈数据映射，如图 5-19 所示，反馈数据由 S-0-0016（AT 配置列表）配置，S-0-0016 定义如表 5-23 所示。从站伺服状态字的定义如表 5-25 所示。

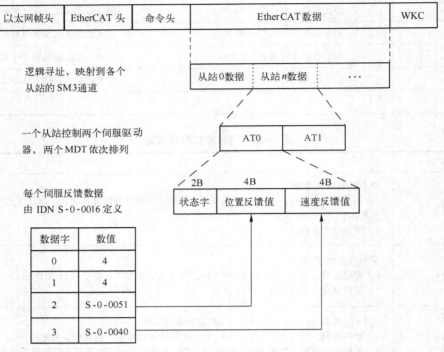

图 5-19　从站反馈数据映射

表 5-25　从站伺服状态字的定义

bit	描　　述
bit15，bit14	伺服驱动器就绪
0 0	对伺服驱动器尚未做好电源供电准备，内部检测尚未顺利结束
0 1	伺服驱动器已经做好电源供电准备
1 0	伺服驱动器电源供电准备就绪，主电源供电，伺服驱动器无扭矩输出
1 1	伺服驱动器运行准备就绪，伺服驱动器有扭矩输出
bit13	第 1 诊断类故障标志，故障信息在参数 IDN 00011 中
0	无故障
1	发生第 1 诊断类故障，伺服驱动器停止
bit12	第 2 诊断类故障标志，诊断信息在参数 IDN 00012 中
0	无变化
1	有变化
bit11	第 3 诊断类故障标志，诊断信息在参数 IDN 00012 中
0	无变化
1	有变化
bit10，bit9，bit8	实际运行模式

bit	描　　述
0 0 0	主运行模式，由 IDN S-0-0032 定义
0 0 1	辅助运行模式 1，由 IDN S-0-0033 定义
0 1 0	辅助运行模式 2，由 IDN S-0-0034 定义
0 1 1	辅助运行模式 3，由 IDN S-0-0035 定义
1 0 0	辅助运行模式 4，由 IDN S-0-0284 定义
1 0 1	辅助运行模式 5，由 IDN S-0-0285 定义
1 1 0	辅助运行模式 6，由 IDN S-0-0286 定义
1 1 1	辅助运行模式 7，由 IDN S-0-0287 定义
bit7	实时状态位 2，由 S-0-0306 定义
bit6	实时状态位 1，由 S-0-0304 定义
bit5，bit4	保留
bit3	命令值处理状态
0	伺服驱动器放弃了命令数据值
1	伺服驱动器跟随命令数据值
bit2，bit1	保留
bit0	翻转位

5.2.4　SoE 服务通道

　　EtherCAT 的 SoE 服务通道（SoE Service Channel，SSC）用于非周期性数据交换，它由 EtherCAT 邮箱通信实现，操作 IDN 及其元素。SoE 数据格式如图 5-20 所示。邮箱数据头之后是 4 B 的 SoE 数据头，因此定义 SoE 操作模式和所操作的 IDN 及其元素，SoE 邮箱协议如表 5-26 所示。其中操作元素标识定义如表 5-18 所示。

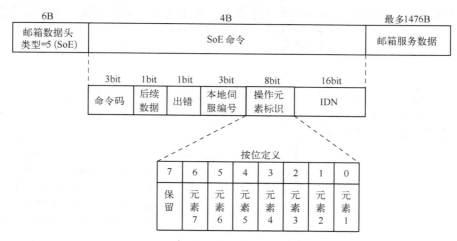

图 5-20　SoE 数据格式

表 5-26　SoE 邮箱协议

数 据 区	数据长度/B	bit	名　　称	取值和描述
邮箱头	2	16 bit	长度 n	后续邮箱服务数据长度
	2	16 bit	地址	
	1	bit0～5	通道	0x00：保留
		bit6～7	优先级	0x00：最低优先级 ⋮ 0x03：最高优先级
	1	bit0～3	类型	0x03：CoE
		bit4～7	保留	0x00
SoE 数据头	1	bit0～2	命令码 （Op Code）	0x01：读请求 0x02：读响应 0x03：写请求 0x04：写响应 0x05：通报 0x06：从站信息 0x07：保留
		bit3	未完成 （Incomplete）	0x00：无后续数据帧 0x01：未完成传输，有后续数据帧
		bit4	出错 （Error）	0x00：无错误 0x01：发生错误，数据区有 2 B 的错误码
		bit5～7	伺服编号 （Servo No）	从站本地伺服编号
	1	8 bit	操作元素标识 （Element Flags）	对单个元素操作时为元素选择，按位定义，每一位对应一个元素；寻址结构体时为元素的数目
	2	16 bit	IDN	参数的 IDN 编号或分段操作时的剩余片段
SoE 数据	（n-4）		有效数据 或错误码	SoE 服务通道有效数据； 发生错误时，为 2 B 的错误码

（1）SSC 读操作

SSC 读操作由主站发起，将 SSC 读请求写入从站。从站收到读操作请求后，用所请求的参数 IDN 编号和数据值作为回答，如图 5-21 所示。主站可以同时读多个元素，从站应该同时回答多个元素，如果从站只支持单个元素操作，那么应以所请求的第一个元素作为响应。

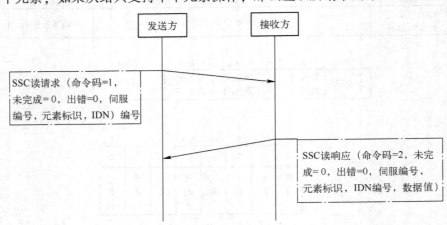

图 5-21　正确的 SSC 读操作序列

如果所需要读的数据长度超过了邮箱容量，则必须使用分段读操作。分段读操作由一个SSC读请求、一个或多个SSC分段读响应和一个SSC读响应组成。如图5-22所示。从站的分段读响应中"未完成=1"，表示还有后续数据，此时用IDN域表示后续数据的片段数。

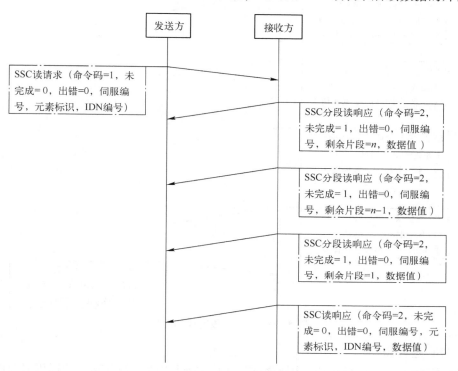

图5-22　正确的SSC分段读操作序列

（2）SSC写操作

SSC写操作用于主站下载数据到从站，从站以写操作的结果回答，如图5-23所示。

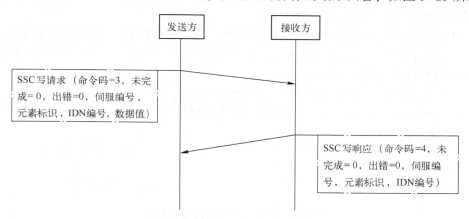

图5-23　SSC写操作时序

如果需要下载的数据长度超出邮箱容量，需要使用分段写操作。分段写操作由一个或多个分段写操作及一个SSC写响应服务组成，如图5-24所示。

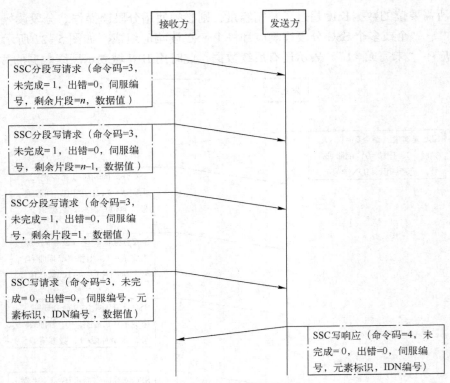

图 5-24　SSC 分段写操作时序

（3）SSC 过程命令

SSC 过程命令是一种特殊的非周期数据，每一个过程命令都有唯一的标识号 IDN 和规定的数据元素，用于启动伺服装置的某些特定功能或过程。执行这些功能或过程通常需要一段时间，过程命令只是触发其开始，随后它所占用的服务通道立即变为可用，用来传输其他非周期数据或过程命令，而不用等待被触发的功能或过程执行完毕。最常用的过程命令有"伺服装置控制的回原点过程命令 S-0-148"。

SSC 过程命令功能由主站启动，由从站执行。通过写过程命令 IDN 的元素 7（见表 5-18），将"过程命令控制"发往伺服装置，控制过程命令的设置、启动、中断和撤销。过程命令控制的数据格式如图 5-25 所示。

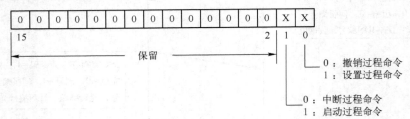

图 5-25　过程命令控制的数据格式

主站通过读过程命令 IDN 的元素 7 得到从站的"过程命令状态字"，过程命令状态字数据格式如图 5-26 所示。

作为一个基本原则，每一个过程命令被处理以后，无论是获得执行正确的应答，还是出

130

现错误应答，主站都应该撤销该过程命令。具体方法是：将过程命令控制字的位 0 置为 "0" 后将其发往相应的伺服装置。

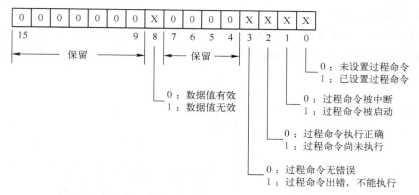

图 5-26 过程命令状态字数据格式

过程命令由 SSC 写一个特定的 IDN 发起。在过程命令功能启动之后，从站产生一个普通的 SSC 写响应数据。此时服务通道空闲，又可以用于传输其他非周期性数据或更多过程命令。从站在执行完过程命令之后，发起一个 SSC 通报命令，SoE 数据头中命令码=5（见表 5-26）。主站在读到从站通报命令之后，发出撤销过程命令请求，并读取过程命令状态，直到过程命令已被撤销，过程命令执行流程如图 5-27 所示。

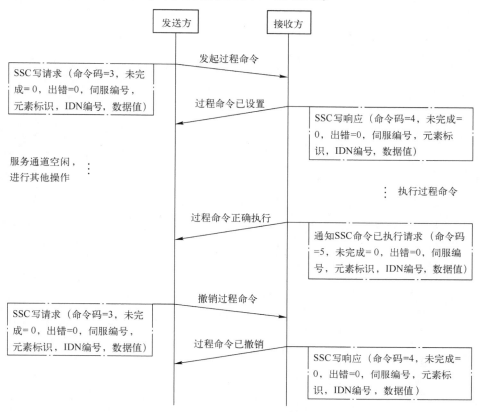

图 5-27 过程命令执行流程

主站也可以在过程命令执行过程中发送撤销过程命令控制字以终止过程命令。但不能终止一次非周期数据（包括参数和过程命令）的传输过程。

（4）SSC从站信息服务

从站信息服务的主要目的是提供从站的附加信息便于系统调试和维护。从站信息服务由从站发起，将信息数据写入输入用邮箱SM1通道，由主站读取。SSC从站信息服务执行时序如图5-28所示。

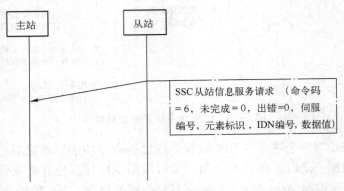

图5-28　SSC从站信息服务执行时序

第6章　EtherCAT 主站驱动程序设计

EtherCAT 主站可由 PC 或其他嵌入式计算机实现，使用 PC 构成 EtherCAT 主站时，通常用标准的以太网网卡（Network Interface Card，NIC）作为主站硬件接口，主站功能由软件实现。从站使用专用 ESC 芯片，通常需要一个微处理器实现应用层功能。EtherCAT 控制系统通信协议栈如图 6-1 所示。

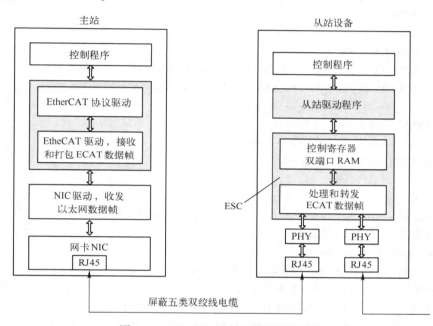

图 6-1　EtherCAT 控制系统通信协议栈

本章介绍作者在 Windows XP 操作系统下开发的 EtherCAT 主站驱动程序示例，实现基本的 EtherCAT 数据通信，包括 EtherCAT 通信初始化、周期性数据传输和非周期性数据传输。这些功能由以下三个基本类实现：

（1）网卡操作相关类 CEcNpfDevice 和 CEcInfo

实现主站通信网卡的管理和 Ethernet 数据帧的收发。

（2）CEcSimSlave 类

定义了从站配置数据，构造一个从站设备对象。

（3）CEcSimMaster 类

实现主站的全部功能，包括网络初始化、周期性数据收发和非周期性数据收发。

本章首先介绍以上 3 个基本类，给出了关键程序流程图和部分程序源代码。接着介绍了一个 EtherCAT 主站应用程序实例。

6.1 数据定义头文件

EthernetService. h 头文件定义了以太网数据帧和 EtherCAT 数据帧相关的常量、数据结构和运算方法。以下为数据定义头文件内容，其中一些数据将在后续章节中进一步介绍。

```
// ======================================================
// EthernetService. h--head file for Ethernet and EtherCAT frame
// ======================================================
#ifndef _ENET_SERVICE_H_
#define _ENET_SERVICE_H_
// ------------------------------------------------------
#define    ETHERNET_FRAME_TYPE_IP      0x0800   // IP 数据帧的以太类型
#define    ETHERNET_FRAME_TYPE_ECAT  0x88A4   // EtherCAT 数据帧以太类型
#define    ETHERNET_MAX_FRAME_LEN    1514     // 以太网数据帧最大长度
// ------------------------------------------------------
// TETHERNET_ADDRESS:以太网 MAC 地址数据结构定义
// ------------------------------------------------------
typedef struct TETHERNET_ADDRESS
{
    BYTE b[6];
#ifdef __cplusplus                              // 在 C++编译环境中有效
    // 运算符"%"重载,计算散列值
    int operator% ( int hashSize )
        { return ( * ( DWORD * )&b[2]) % hashSize; }
    // 运算符"=="重载,与另一个 MAC 地址 addr 相比较
    BOOL operator= = ( const TETHERNET_ADDRESS &addr ) const
        { return ( memcmp( b, addr. b, sizeof(ETHERNET_ADDRESS) ) = = 0 ); }
    // 运算符"!="重载,与另一个 MAC 地址 addr 相比较
    BOOL operator! = ( const TETHERNET_ADDRESS &addr ) const
        { return ( memcmp( b, addr. b, sizeof(ETHERNET_ADDRESS) ) ! = 0 ); }    // 与另一个
MAC 地址 addr 相比较
    // 运算符"="重载,用另一个 MaC 地址给本 MAC 地址赋值
    void operator= ( const TETHERNET_ADDRESS &addr )
        { memcpy( &b, &addr. b, sizeof(b) ); }
    // 判断是否为有效 MAC 地址
    BOOL IsValid( )
        { return ( * ( DWORD * )&b[0]) ! = 0 || ( * (USHORT * )&b[4]) ! = 0; }
    // 清除 MAC 地址
    void Clear( )
        { memset( &b, 0, sizeof(b) ); }
#ifndef IS_R0
```

```cpp
        // 将 MAC 地址转换为字符串,结果由参数调用返回
        void Id2String( CString& rcsAddr )
        {
            rcsAddr.Format( _T( "%02x %02x %02x %02x %02x %02x" ), b[0], b[1], b[2], b[3],
b[4], b[5] );
        }
        // 将 MAC 地址转换为字符串,将结果赋值给一个字符串
        CString Id2String( )
        {
            CString sAddr;
            sAddr.Format( _T( "%02x %02x %02x %02x %02x %02x" ), b[0], b[1], b[2], b[3],
b[4], b[5] );
            return sAddr;
        }
        // 运算符"="重载,用一个字符串类给本 MAC 地址赋值
        void operator= ( CString csAddr )
            { operator= ( (LPCTSTR)csAddr ); }
        // 运算符"="重载,用一个字符串变量给本 MAC 地址赋值
        void operator= ( LPCTSTR csAddr )
        {
            int d[6], i;
            memset( b, 0, sizeof(b) );
            if ( csAddr[0] && _stscanf( csAddr, _T( "%02x %02x %02x %02x %02x %02x" ), &d[0],
&d[1], &d[2], &d[3], &d[4], &d[5] )= =6 )
            {
                for ( i = 0; i < 6; i++ )
                    b[i] = d[i];
            }
        }
#endif // !IS_R0
#endif // __cplusplus
} ETHERNET_ADDRESS, *PETHERNET_ADDRESS;
#define ETHERNET_ADDRESS_LEN sizeof( ETHERNET_ADDRESS)
// ------------------------------------------------------------
// 常用 MAC 地址定义
// ------------------------------------------------------------
// ---广播地址 -------------
const ETHERNET_ADDRESS BroadcastEthernetAddress = {0xff,0xff,0xff,0xff,0xff,0xff};
// ---第一个多播地址 ----------
const ETHERNET_ADDRESS FirstMulticastEthernetAddress = {0x01,0,0x5e,0,0,0};
// ---空 MAC 地址 -----------
const ETHERNET_ADDRESS NullEthernetAddress = {0,0,0,0,0,0};
```

```
// ----------------------------------------------------------
// 以太网数据帧头的数据结构定义
// ----------------------------------------------------------
typedef struct TETHERNET_FRAME
{
    ETHERNET_ADDRESS      Destination；  // 目的地址
    ETHERNET_ADDRESS      Source；        // 源地址
    USHORT FrameType；                    // 主机字节顺序
} ETHERNET_FRAME, ∗PETHERNET_FRAME；
#define ETHERNET_FRAME_LEN sizeof(ETHERNET_FRAME)
#define ETHERNET_FRAMETYPE_LEN sizeof(USHORT)
#define FRAMETYPE_PTR(p) \
                 ((((PUSHORT)p)[6]==ETHERNET_FRAME_TYPE_VLAN_SW ? \
                    &((PUSHORT)p)[8] : &((PUSHORT)p)[6])
#define ENDOF_ETHERNET_FRAME(p) ENDOF(FRAMETYPE_PTR(p))
// ----------------------------------------------------------
// EtherCAT 数据头定义
// ----------------------------------------------------------
typedef struct TETYPE_88A4_HEADER
{
    USHORT Length       : 11；  // 后续数据长度
    USHORT Reserved     : 1；   // 保留
    USHORT Type         : 4；   // 由 ETYPE_88A4_TYPE_xxx 定义
} ETYPE_88A4_HEADER, ∗PETYPE_88A4_HEADER；
#define ETYPE_88A4_HEADER_LEN sizeof(ETYPE_88A4_HEADER)
// ----------------------------------------------------------
// EtherCAT 数据帧类型定义
// ----------------------------------------------------------
#define    ETYPE_88A4_TYPE_ECAT      1  // ECAT header follows
#define    ETYPE_88A4_TYPE_ADS       2  // ADS header follows
#define    ETYPE_88A4_TYPE_IO        3  // IO
#define    ETYPE_88A4_TYPE_NV        4  // Network Variables
#define    ETYPE_88A4_TYPE_CANOPEN5  // ETHERCAT_CANOPEN_HEADER
                                      // follows

// ----------------------------------------------------------
// EtherCAT 数据帧定义
// ----------------------------------------------------------
typedef struct TETHERNET_88A4_FRAME
{
    ETHERNET_FRAME Ether；
    ETYPE_88A4_HEADER E88A4；
} ETHERNET_88A4_FRAME, ∗PETHERNET_88A4_FRAME；
```

```
// ---EtherCAT 数据帧头长度计算 -------
#define ETHERNET_88A4_FRAME_LEN sizeof( ETHERNET_88A4_FRAME)
// ---EtherCAT 数据帧长度计算 -------
#define SIZEOF_88A4_FRAME(p)
    ( sizeof( ETHERNET_88A4_FRAME)+((PETHERNET_88A4_FRAME)(p))->E88A4. Length)
// ---EtherCAT 数据帧尾地址计算 -------
#define ENDOF_88A4_FRAME(p)
    ((PETHERNET_88A4_FRAME)&(((PBYTE)(p))[SIZEOF_88A4_FRAME(p)]))
// --------------------------------------------------------
// EtherCAT 命令类型定义
// --------------------------------------------------------
typedef enum
{
        EC_CMD_TYPE_NOP = 0,
        EC_CMD_TYPE_APRD = 1,
        EC_CMD_TYPE_APWR = 2,
        EC_CMD_TYPE_APRW = 3,
        EC_CMD_TYPE_FPRD = 4,
        EC_CMD_TYPE_FPWR = 5,
        EC_CMD_TYPE_FPRW = 6,
        EC_CMD_TYPE_BRD = 7,
        EC_CMD_TYPE_BWR = 8,
        EC_CMD_TYPE_BRW = 9,
        EC_CMD_TYPE_LRD = 10,
        EC_CMD_TYPE_LWR = 11,
        EC_CMD_TYPE_LRW = 12,
        EC_CMD_TYPE_ARMW = 13,
        EC_CMD_TYPE_EXT = 255,
} EC_CMD_TYPE;
// --------------------------------------------------------
// EtherCAT 数据帧 INDEX 定义
// --------------------------------------------------------
#define EC_HEAD_IDX_ACYCLIC_MASK 0x80
#define EC_HEAD_IDX_SLAVECMD 0x80
#define EC_HEAD_IDX_EXTERN_VALUE 0xFF
// --------------------------------------------------------
// EtherCAT 命令数据结构定义
// --------------------------------------------------------
typedef struct TETYPE_EC_HEADER
{
    union
    {
```

```
        struct
        {
            BYTE    cmd;                    // EtherCAT 命令
            BYTE    idx;                    // EtherCAT 数据帧 Index
        };
        USHORT cmdIdx;
    };
    union
    {
        struct
        {
            USHORT adp;                     // 站点地址
            USHORT ado;                     // 站内偏移地址
        };
        ULONG laddr;                        // 逻辑地址
    };
    union
    {
        struct
        {
            USHORT len : 11;                // 命令的数据长度
            USHORT res : 4;                 // 保留
            USHORT next: 1;                 // 是否有后续命令标志
        };
        USHORT length;
    };
    USHORT irq;
} ETYPE_EC_HEADER, *PETYPE_EC_HEADER;

#define ETYPE_EC_HEADER_LEN sizeof(ETYPE_EC_HEADER)
#define ETYPE_EC_CNT_LEN sizeof(USHORT)
#define ETYPE_EC_OVERHEAD
        (ETYPE_EC_HEADER_LEN+ETYPE_EC_CNT_LEN)
#define ETYPE_EC_CMD_LEN(p)
        (ETYPE_EC_OVERHEAD+((PETYPE_EC_HEADER)p)->len)
#define ETYPE_EC_CMD_COUNTPTR(p)
        ((PUSHORT)&(((PBYTE)p)[(ETYPE_EC_HEADER_LEN+((PETYPE_EC_HEADER)p)->
len)]))
#define ETYPE_EC_CMD_COUNT(p)
        (*((PUSHORT)&(((PBYTE)p)[(ETYPE_EC_HEADER_LEN+((PETYPE_EC_HEADER)p)
->len)])))
#define ETYPE_EC_CMD_DATA(p)
```

```
        ( * ( ( PUSHORT) &( ( ( PBYTE) p) [ ETYPE_EC_HEADER_LEN] ) ) )
#define ETYPE_EC_CMD_DATAPTR( p)
        ( &( ( ( PBYTE) p) [ ETYPE_EC_HEADER_LEN] ) )
#define NEXT_EcHeader( p)
        ( ( PETYPE_EC_HEADER) &( ( PBYTE) p) [ ( ( PETYPE_EC_HEADER) p) ->len + ETYPE_EC_
OVERHEAD] )
// ---------------------------------------------------------
// EtherCAT 最大数据的结构定义
// ---------------------------------------------------------
typedef struct TETHERNET_88A4_MAX_HEADER
{
    ETYPE_88A4_HEADER E88A4;            // EtherCAT 数据头
    union
    {
        // EtherCAT 第 1 个命令头
        struct
        {                                 // ETYPE_88A4_TYPE_ECAT
            ETYPE_EC_HEADER FirstEcHead;
        };
        // EtherCAT 数据
        BYTE Data
        [ ETHERNET_MAX_FRAME_LEN-ETHERNET_88A4_FRAME_LEN];
    };
} ETHERNET_88A4_MAX_HEADER, * PETHERNET_88A4_MAX_HEADER;
// ---------------------------------------------------------
// EtherCAT 最长数据帧的结构定义
// ---------------------------------------------------------
typedef struct TETHERNET_88A4_MAX_FRAME
{
    ETHERNET_FRAME Ether;               // 以太网数据帧头
    ETYPE_88A4_HEADER E88A4;            // EtherCAT 数据头
    union
    {
        // EtherCAT 第 1 个命令头
        struct
        {   // ETYPE_88A4_TYPE_ECAT
            ETYPE_EC_HEADER FirstEcHead;
        };
            // EtherCAT 数据
        BYTE Data
        [ ETHERNET_MAX_FRAME_LEN-ETHERNET_88A4_FRAME_LEN];
    };
```

```
} ETHERNET_88A4_MAX_FRAME, * PETHERNET_88A4_MAX_FRAME;
// -------------------------------------------------------
// 组织一个 EtherCAT 命令
// -------------------------------------------------------
__inline VOID FillEcHeaderAndData( PETYPE_EC_HEADER pHead,
BYTE cmd, BYTE idx, USHORT adp, USHORT ado, PVOID pData, ULONG nData,
BOOL next)
{
    PVOID pVoid;
    pHead->cmd = cmd;
    pHead->idx = idx;
    pHead->adp = adp;
    pHead->ado = ado;
    pHead->len = nData;
    pHead->next = next;
    pHead->res = 0;
    pHead->irq = 0;
    pVoid = ENDOF( pHead);
    if ( pData )
        memcpy( pVoid, pData, nData);
    else
        memset( pVoid, 0, nData);
    ETYPE_EC_CMD_COUNT( pHead) = 0;
}
#endif
```

6.2 网卡操作相关类的定义和实现

本例使用了一个开源的专门的网络驱动开发包（Windows Packet Capture，Winpcap）作为网卡驱动程序。它是 Libpcap（Packet Capture Library）在 Windows 平台下的版本，符合网络驱动程序接口规范（Network Driver Interface Specification，NDIS）。Libpcap 是一个平台独立的网络数据帧捕获开发包，由 Berkeley 大学的 Van Jacobson 等人开发，支持 Linux、Solaris 和 BSD 系统平台。Winpcap 主要由加利福尼亚大学的 Lawrence Berkeley Laboratory 开发。

驱动程序定义了两个网卡操作类 CEcNpfDevice 和 CNpfInfo，调用 Winpcap 驱动程序包实现主站通信网卡的管理和 Ethernet 数据帧的收发。

6.2.1 基于 NDIS 的网卡驱动程序

NDIS 是由微软公司和 3Com 公司共同制定的网络接口驱动程序规范。它在 Windows 操作系统中的位置如图 6-2 所示。

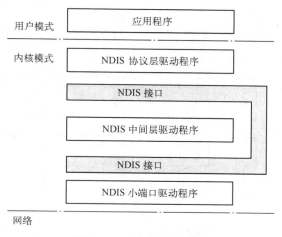

图 6-2　NDIS 结构示意图

NDIS 为开发网络接口驱动程序提供了一套标准的接口，使得网络驱动程序的跨平台性更好。NDIS 提供三个层次的接口：

1）小端口驱动程序（Miniport driver），也称为网卡驱动，它向下直接操作网卡硬件，向上为上层驱动提供收发/数据帧的接口；

2）中间层驱动程序（Intermediate driver，IMD），介于协议层驱动和小端口驱动之间，可以截获所有的网络数据帧；

3）协议层驱动程序（Protocoldriver），实现一种网络协议栈。

Winpcap 为 Win32 应用程序提供访问网络底层的能力，其核心功能是捕获网络数据包。其他功能包括数据包过滤、数据包发送、流量统计和数据包存储等，如图 6-3 所示，图中的箭头指向为数据帧的流动方向。Winpcap 包括三部分内容：

1）内核模式的协议驱动程序 npf. sys。NPF（Netgroup Packet Filter，网络数据包过滤器），实现了高效的网络数据包的捕获和过滤功能，以及网络流量的统计分析，并支持数据包的发送；

2）动态链接库 Packet. dll。给开发者提供一个接口，使用它可以调用 Winpcap 的函数，它是一个较底层的开发接口；

3）动态链接库 wpcap. dll。是一个更高层的编程接口，提供与 Libpcap 兼容的函数调用。

在开发中，为了提高运行效率，EtherCAT 驱动程序调用 Packet. dll 直接访问 npf. sys，而不使用 wpcap. dll。Packet. dll 中有以下重要函数：

（1）获得网卡名称

```
internal static extern uint PacketGetAdapterNames(
    IntPtr nameBuffer,    // 网卡名称存储字符串
    int * BufferSize      // 字符串长度数据指针
    );
```

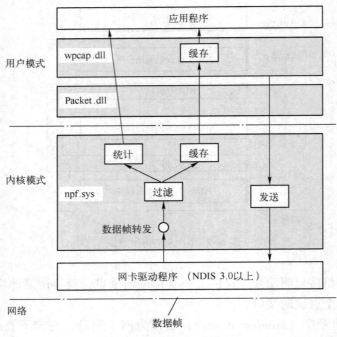

图 6-3 Winpcap 组成

（2）打开网卡

```
internal static extern IntPtr PacketOpenAdapter(
    [MarshalAs(UnmanagedType. LPStr)] string adapterName   // 网卡名称
    );
```

（3）发送一个数据帧

```
internal static extern uint PacketSendPacket(
    IntPtr hAdapterObject,    // 所用网卡操作指针
    IntPtr hPacket,           // 要发送的数据帧指针
    uint bSync                // 是否是同步方式
    );
```

（4）接收数据帧

```
internal static extern uint PacketReceivePacket(
    IntPtr pHandle,    // 接收数据包的网络适配器
    IntPtr pPacket,    // 存放收到的数据包
    uint sync
    );                 // 是否是同步方式
```

（5）关闭网卡

```
internal static extern uint PacketCloseAdapter(
    IntPtr hAdapterObject   // 要关闭的网络适配器
    );
```

6.2.2 CEcNpfDevice 类

CEcNpfDevice 类定义了收/发以太网数据帧的相关方法，包括以下函数。

1）Open（）：打开网卡通信，使用网卡 MAC 地址 m_macAdapter 作为参数；

2）SendPacket(PVOID pData, ULONG nData)：发送以太网数据帧，其中，pData 为数据帧地址指针，nData 为数据帧长度；

3）StartReceiverThread()：新建一个接收数据帧的线程；

4）ReceiverThread(LPVOID lpParameter)：接收数据帧线程，接收到的以太网数据帧保存在一个 FiFo 类型的变量 m_ listPacket 中；

5）CheckRecvFrame(PBYTE pData)：从 m_listPacket 中返回一个以太网数据帧到地址 pData；

6）Close()：关闭所选择的网卡，返回执行结果 virtual HRESULT。

CEcNpfDevice 类定义程序源代码如下：

```
// --------------------------------------------------------
// 网卡操作类(CEcNpfDevice 类)定义
// --------------------------------------------------------
class CEcNpfDevice
{
// --------------------------------------------------------
// 公有成员函数
// --------------------------------------------------------
public:
    // 构造函数
    // 参数 macAdapter:通信的网卡 MAC 地址
    CEcNpfDevice( ETHERNET_ADDRESS macAdapter = NullEthernetAddress );
    // 构造函数
    // 参数 pszAdapter:通信的网卡名称
    CEcNpfDevice( LPCSTR pszAdapter );
    // 析构函数
    virtual ~CEcNpfDevice();
    // IUnknown
    virtual ULONG STDMETHODCALLTYPE Release( void );
    // 打开所选择的网卡,返回执行结果
    virtual HRESULT Open();
    // 关闭所选择的网卡,返回执行结果
    virtual HRESULT Close();
    // 获得链接波特率
    virtual ULONG GetLinkSpeed();
    // 向所选网卡发送一个数据包,并返回调用结果
    // 参数 pData:要发送数据的指针
```

```cpp
        // 参数 nData:发送数据的字节数
        virtual long SendPacket(PVOID pData, ULONG nData);

        // 从所接收到数据帧的缓存区得到一个数据帧,并返回调用结果
        // 参数 pData:将接收的数据保存在 pData 指针指向的地址空间中
        virtual long CheckRecvFrame(PBYTE pData);
    // --------------------------------------------------------
    // 保护的成员函数
    // --------------------------------------------------------
    protected:
        // 从所选网卡读取数据帧,并将其保存在 fifo 列表 m_listPacket 中
        virtual long ReadPackets();
    // --------------------------------------------------------
    // 保护的成员变量
    // --------------------------------------------------------
        LPSTR m_pszAdapter;                    // 选用的网卡名称
        ETHERNET_ADDRESS m_macAdapter;         // 选用的网卡 MAC 地址
    // --------------------------------------------------------
    // 私有成员函数
    // --------------------------------------------------------
    private:
        // 创建一个线程,从网卡接收以太网数据帧,并返回调用结果
        // 参数 nPriority:线程的优先级
        long StartReceiverThread(long nPriority =
            THREAD_PRIORITY_HIGHEST);
        // 线程函数,返回调用结果
        // 参数 lpParameter:线程参数
        static DWORD WINAPI ReceiverThread(LPVOID lpParameter);
    // --------------------------------------------------------
    // 私有成员变量
    // --------------------------------------------------------
        HANDLE m_hStartEvent;
        HANDLE m_hCloseEvent;
        HANDLE m_hReceiverThread;              // 接收线程句柄
        DWORD m_dwThreadId;
        bool m_bStopReceiver;                  // 运行标志
        long m_lRef;
        struct _ADAPTER * m_pAdapter;          // 所选网卡操作的信息
        CFiFoList<PVOID, MAX_NPFPACKETS> m_listPacket;
                                               // 接收缓存列表,先入先出
};
```

6.2.3　CNpfInfo 类

CNpfInfo 类定义了获得网卡信息的相关方法，包括以下函数。

1）GetAdapterCount( )：获得当前计算机网卡数目；

2）GetAdapterName(int nAdapter)：根据网卡编号 nAdapter 获得网卡名称；

3）GetAdapterDescription(int nAdapter)：根据网卡编号 nAdapter 获得网卡描述信息；

4）GetAdapterInfo ( )：获得计算机所有网卡的信息，将其保存到数组变量 m_pAdapterInfo[MAX_NUM_ADAPTER]。

CNpfInfo 类定义程序源代码如下：

```
// -------------------------------------------------------
// 网卡信息类(CNpfInfo 类)定义
// -------------------------------------------------------
class CNpfInfo
{
// -------------------------------------------------------
// 公有成员函数
// -------------------------------------------------------
public:
    CNpfInfo( );                              // 构造函数
    ~CNpfInfo( );                             // 析构函数
    int GetAdapterCount( );                   // 获得当前计算机网卡数目
    // 获得网卡名称
    // 参数 nAdapter:网卡编号
    LPCSTR GetAdapterName( int nAdapter);
    // 获得网卡描述
    // 参数 nAdapter:网卡编号
    LPCSTR GetAdapterDescription( int nAdapter);
    // 获得计算机所有网卡的信息
    BOOL GetAdapterInfo( );
    // 根据网卡 MAC 地址打开网卡并得到操作信息
    struct _ADAPTER * GetAdapter( ETHERNET_ADDRESS macAddress);
    // 根据网卡名称打开网卡并得到操作信息
    struct _ADAPTER * GetAdapter( LPCSTR pszAdapter,
            ETHERNET_ADDRESS &macAddress);
    // 根据网卡编号打开网卡并得到操作信息
    struct _ADAPTER * GetAdapter( int nAdapter,
            ETHERNET_ADDRESS &macAddress);
// -------------------------------------------------------
// 保护成员变量
// -------------------------------------------------------
protected:
```

```
    // 网卡信息
    EcAdapterInfo m_pAdapterInfo[MAX_NUM_ADAPTER];
    int m_nAdapter;   // 网卡数目
};
```

6.2.4 获得计算机网卡信息

CNpfInfo::GetAdapterInfo()函数调用 Packet.dll 中的 PacketGetAdapterNames()函数以获得本机所有网卡的名称，最终将其保存在结构体数组 m_pAdapterInfo 中。其程序源代码如下：

```
// -----------------------------------------------------------
// CNpfInfo::GetAdapterInfo():获得计算机上所有网卡的信息
// m_nAdapter:存放网卡的个数
// m_pAdapterInfo[MAX_NUM_ADAPTER]:存放网卡的信息
// -----------------------------------------------------------
BOOL CNpfInfo::GetAdapterInfo()
{
    int i=0;
    char *szTmpName, *szTmpName1;
    ULONG nAdapterLength = DEFAULT_ADAPTER_NAMELIST;
    char *szAdapterName = new char[nAdapterLength];
    m_nAdapter = -1;
    // 获得网卡名称
    if(PacketGetAdapterNames(PTSTR(szAdapterName),
    &nAdapterLength)==FALSE)
    {   // 如果函数执行失败,清空 szAdapterName 地址空间
        delete[] szAdapterName;
        szAdapterName = new char[nAdapterLength];
        if(PacketGetAdapterNames(PTSTR(szAdapterName),
        &nAdapterLength)==FALSE)
        {   // 函数再次执行失败,返回错误结果
            delete[] szAdapterName;
            return FALSE;
        }
    }
    szTmpName=szAdapterName;
    szTmpName1=szAdapterName;
    // 顺序得到本机网卡名称
    while ((*szTmpName!='\0') || (*(szTmpName-1)!='\0'))
    {
        if (*szTmpName=='\0')
        {
```

```
        if( m_pAdapterInfo[ i ].szName )
            delete[ ] m_pAdapterInfo[ i ].szName;
        m_pAdapterInfo[ i ].szName = new
                char[ szTmpName−szTmpName1+1 ];
        strcpy( m_pAdapterInfo[ i ].szName,szTmpName1 );
        szTmpName1 = szTmpName+1;
        i++;
    }
    szTmpName++;
}
m_nAdapter = i;
szTmpName++;
// 顺序得到本机网卡描述
for( i=0; i<m_nAdapter; i++)
{
    if( m_pAdapterInfo[ i ].szName )
            delete[ ] m_pAdapterInfo[ i ].szDescr;
    m_pAdapterInfo[ i ].szDescr = new
                    char[ strlen( szTmpName )+1 ];
    strcpy( m_pAdapterInfo[ i ].szDescr, szTmpName );
    szTmpName += ( strlen( szTmpName )+1 );
}
delete[ ] szAdapterName;
return TRUE;
}
```

6.2.5 打开网卡

CEcNpfDevice::Open()函数用以根据给定 MAC 地址查找相应的网卡，并得到其操作指针。需要逐个打开本地网卡，然后得到其网卡 MAC 地址，将其与给定 MAC 地址相比较，直到地址匹配，得到其 LPADAPTER 类型的地址指针 m_ pAdapter，在发送和接收数据帧时都使用此指针操作相应网卡。CEcNpfDevice::Open()函数的调用如图 6-4 所示。

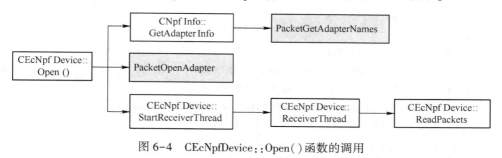

图 6-4　CEcNpfDevice::Open()函数的调用

CEcNpfDevice::Open()函数程序源代码如下：

```
// ------------------------------------------------------------
// CEcNpfDevice::Open():根据网卡 MAC 地址打开网卡并得到操作信息
// m_macAddress:是要操作的网卡 MAC 地址,在新建 CEcNpfDevice 数据对象时获得
// LPADAPTER m_pAdapter:得到网卡操作指针
// ------------------------------------------------------------
HRESULT CEcNpfDevice::Open()
{
    HRESULT hr = EC_E_ERROR;
    if( m_pAdapter )
        return EC_E_INVALIDSTATE;
    CNpfInfo npfInfo;                              // 定义一个 CNpfInfo 类数据对象
    LPADAPTER pAdapter = NULL;                     // 定义指向网卡的指针
    PPACKET_OID_DATA pOidData;                     // 网卡 OID 数据对象
    npfInfo. GetAdapterInfo();                     // 获得当前计算机网卡信息,详见 6.2.4 小节
    m_nAdapter = npfInfo. m_nAdapter;              // 得到当前计算机网卡数目
    // 为 pOidData 分配内存空间
    pOidData = ( PPACKET_OID_DATA) new
        BYTE[ sizeof( ETHERNET_ADDRESS) +sizeof( PACKET_OID_DATA) ];
    if ( pOidData = = NULL)
        return NULL;
    // 顺序打开本机上的网卡,查找与 MAC 地址匹配的网卡,得到其操作指针,将其保存到
    // 变量 m_pAdapter;不匹配网卡则被关闭
    for( int i=0; i<m_nAdapter; i++ )
    {
        pAdapter = PacketOpenAdapter( ( char * ) GetAdapterName(i) );
        if ( !pAdapter || ( pAdapter->hFile = =
        INVALID_HANDLE_VALUE) )
        {    // 如果打开网卡不成功
            DWORD dwErrorCode = GetLastError();
            TRACE( _T( " Unable to open the adapter,
                    Error Code : %lx\n" ) ,dwErrorCode) ;
            pAdapter = NULL;
            continue;
        }
        // 初始化 pOidData 结构体
        pOidData->Oid = OID_802_3_CURRENT_ADDRESS;
        pOidData->Length = sizeof( ETHERNET_ADDRESS);
        ZeroMemory( pOidData->Data, sizeof( ETHERNET_ADDRESS) );
        // 比较当前打开网卡 MAC 地址和给定 MAC 地址
        if( PacketRequest(pAdapter, FALSE, pOidData) &&
            memcmp( &m_macAddress, pOidData->Data,
            sizeof( ETHERNET_ADDRESS) ) = = 0 )
```

```
            {
                // 如果 MAC 地址匹配,则停止查找,跳出循环
                break;
            }

            PacketCloseAdapter(pAdapter);
            pAdapter = NULL;
        }

    m_pAdapter = pAdapter;
    // 如果获得有效网卡指针,则启动数据帧接收线程
    if( m_pAdapter )
    {
        StartReceiverThread();                    // 启动数据帧接收线程
        ::WaitForSingleObject(m_hStartEvent, INFINITE);
        hr = S_OK;
    }
    return hr;
}
```

在打开网卡的同时, 启动一个线程以接收数据帧, 启动线程函数程序源代码如下:

```
// --------------------------------------------------------
// CEcNpfDevice::StartReceiverThread():启动数据帧接收线程
// nPriority:新建线程的优先级
// --------------------------------------------------------
long CEcNpfDevice::StartReceiverThread(long nPriority)
{
    long nErr=ERROR_SUCCESS;

    m_bStopReceiver=false;
    // 创建一个新线程,线程函数为 ReceiverThread()
    m_hReceiverThread = ::CreateThread(NULL, 0, ReceiverThread,
                        this, CREATE_SUSPENDED, &m_dwThreadId);
    ASSERT(m_hReceiverThread);

    if ( m_hReceiverThread )
    {
        BOOL bResult;
        // 设置线程的优先级
        bResult=::SetThreadPriority(m_hReceiverThread, nPriority);
        ASSERT(bResult);
        // 启动线程
        ::ResumeThread(m_hReceiverThread);
    }
    else
```

```
            nErr = ::GetLastError();
    return nErr;
}
```

接收数据帧的线程函数 ReceiverThread() 用以接收和保存网卡上收到的以太网数据帧，它由 ReadPackets() 函数实现，将在 6.2.7 小节中详细介绍。ReceiverThread() 函数程序源代码如下：

```
// ------------------------------------------------------
// CEcNpfDevice::ReceiverThread():接收数据帧线程的实现函数
// ------------------------------------------------------
DWORD WINAPI CEcNpfDevice::ReceiverThread(LPVOID lpParameter)
{
    ASSERT(lpParameter);
    if ( lpParameter == NULL )
       return −1;

    CEcNpfDevice * pThis = (CEcNpfDevice * )lpParameter;
    return pThis->ReadPackets();    // 发送数据帧,见 6.2.7 小节
}
```

6.2.6 发送数据帧

CEcNpfDevice::SendPacket() 函数用于发送以太网数据帧，主要步骤如下：
1）调用函数 PacketAllocatePacket()，创建一个数据帧结构 pPacket；
2）调用函数 PacketInitPacket()，用发送数据指针 pData 和发送数据字节数 nData 初始化数据帧结构 pPacket；
3）调用函数 PacketSendPacket()，用于发送数据帧；
4）调用函数 PacketFreePacket(pPacket)，用于释放数据帧所用内存。
发送以太网数据帧函数程序源代码如下：

```
// ------------------------------------------------------
// CEcNpfDevice:: SendPacket ():发送数据帧
// pData:将要发送的数据存储在应用程序地址 pData
// nData:要发送数据帧的字节数
// ------------------------------------------------------
long CEcNpfDevice::SendPacket(PVOID pData, ULONG nData)
{
    if( m_pAdapter == NULL )
        return ECERR_DEVICE_INVALIDSTATE;
    LPPACKET pPacket;
    // 创建一个数据帧结构 pPacket
    if((pPacket = PacketAllocatePacket())==NULL)
    { // 函数执行失败,返回错误代码 ECERR_DEVICE_NOMEMORY
```

```
        TRACE("TCEcNpfDevice::SendPacket: Error:
            failed to allocate the LPPACKET structure. \n");
        return ECERR_DEVICE_NOMEMORY;
    }
    // 用 pData 和 nData 初始化数据帧结构 pPacket
    PacketInitPacket(pPacket, pData, nData);
    // 向网卡 m_pAdapter 发送数据结构 pPacket
    if(PacketSendPacket(m_pAdapter,pPacket,TRUE)==FALSE)
    { // 函数执行失败,返回错误代码 ECERR_DEVICE_SENDFAILED
        TRACE("TCEcNpfDevice::SendPacket: Error:
            failed to send packet. \n");
            // 释放数据帧结构 pPacket
        PacketFreePacket(pPacket);
        return ECERR_DEVICE_SENDFAILED;
    }
    PacketFreePacket(pPacket);
    return ECERR_NOERR;
}
```

6.2.7　接收数据帧

数据帧的接收使用了多线程编程技术,CEcNpfDevice 类在打开网卡的同时启动了一个接收以太网数据帧的线程,这个线程由 CEcNpfDevice::ReadPackets() 函数实现。

用线程接收数据帧时,首先调用 Winpcap 函数将网卡配置为混杂(promiscuous)模式,以便接收所有以太网数据帧;然后设置 Winpcap 接收缓存区长度等参数,最后等待接收以太网数据帧,并将数据帧保存在 FIFO 类型的变量 m_ listPacket 中。接收数据帧所用线程的程序源代码如下:

```
// ----------------------------------------------------------
// CEcNpfDevice::ReadPackets():从所选网卡读取数据帧,将其保存在 FIFO 列
//                          表 m_listPacket 中
// m_pAdapter:要操作的网卡的操作信息
// LPADAPTER pAdapter:返回网卡操作信息
// ----------------------------------------------------------
long CEcNpfDevice::ReadPackets()
{
    LPPACKET pPacket;
    char buffer[256000];
    HANDLE hEvents[2];

    if( m_pAdapter == NULL )      // 如果没有打开有效的网卡
        return ECERR_DEVICE_INVALIDSTATE;
    // 设置网卡以读取所有的本地数据包,包括广播帧和寻址到本机 MAC 地址的帧
```

```
if( PacketSetHwFilter( m_pAdapter,
NDIS_PACKET_TYPE_PROMISCUOUS) = = FALSE )
{  // 函数执行失败,不能设置为混杂模式
        TRACE( _T( "CEcNpfDevice::ReadPackets:
              unable to set promiscuous mode!\n" ) );

}
// 设置内核缓冲区中激发本事件的最小数据的长度
if( PacketSetMinToCopy( m_pAdapter,1) = = FALSE )
{  // 函数执行失败,返回错误码 ECERR_DEVICE_ERROR
        TRACE ( _T( "CEcNpfDevice::ReadPackets:
              Unable to set min copy!\n" ) );
        return ECERR_DEVICE_ERROR;

}
// 设置缓存区为 512 KB
if( PacketSetBuff( m_pAdapter,512000) = = FALSE )
{  // 函数执行失败,返回错误码 ECERR_DEVICE_ERROR
        TRACE ( _T( "CEcNpfDevice::ReadPackets:
              Unable to set the kernel buffer!\n" ) );
        return ECERR_DEVICE_ERROR;

}
// 设置读操作的超时时间
if( PacketSetReadTimeout( m_pAdapter, INFINITE) = = FALSE)
{  // 函数执行失败,不能设置超时时间
        TRACE ( _T( "CEcNpfDevice::ReadPackets:Warning:
              unable to set the read tiemout!\n" ) );

}
// 分配并初始化数据区结构用来接收数据
if( ( pPacket = PacketAllocatePacket( )) = = NULL )
{  // 函数执行失败,返回错误码 ECERR_DEVICE_NOMEMORY
    TRACE ( _T( "CEcNpfDevice::ReadPackets Error:
          failed to allocate the LPPACKET structure. \n" ) );
    return ECERR_DEVICE_NOMEMORY;

}
PacketInitPacket( pPacket,( char * ) buffer, sizeof( buffer) );
::SetEvent( m_hStartEvent);
// set events to wait for
hEvents[ 0] = m_hCloseEvent;
hEvents[ 1] = PacketGetReadEvent( m_pAdapter);
while( !m_bStopReceiver )                // 开始接收数据包
{
    switch( ::WaitForMultipleObjects( 2, hEvents, FALSE,
```

INFINITE))   // 等待事件发生
{
// 关闭网卡事件
case WAIT_OBJECT_0:
    break;
// 读数据包事件
case WAIT_OBJECT_0 + 1:
{

    // 从网卡 m_pAdapter 读数据帧到数据区 pPacket
    if(!PacketReceivePacket(m_pAdapter, pPacket, TRUE))
        break;   // 接收数据包失败,终止当前循环
    if(m_bStopReceiver)
        break;   // 如果停止接收,则终止当前循环

    ULONG   nBytesReceived;
    BYTE   * pBuf;   // 数据区指针
    ULONG nOff = 0;
    struct bpf_hdr * pHdr;
    // 得到接收数据区长度值
    nBytesReceived = pPacket->ulBytesReceived;
    pBuf = (BYTE *) pPacket->Buffer;
    nOff = 0;
    // 从头开始处理接收到的数据包
    while(nOff<nBytesReceived)
    {

        pHdr = (struct bpf_hdr *) (pBuf+nOff);
        ASSERT(pHdr->bh_datalen = = pHdr->bh_caplen);
        // 新建一个数据帧 pNewHdr
        struct bpf_hdr * pNewHdr = (struct bpf_hdr *) new
            BYTE[sizeof(bpf_hdr)+pHdr->bh_caplen];
        // 读取数据帧头
        memcpy(pNewHdr, pHdr, sizeof(bpf_hdr));
        // 读取数据帧数据
        memcpy((BYTE *) pNewHdr+sizeof(bpf_hdr),
            (BYTE *) pHdr+pHdr->bh_hdrlen, pHdr->bh_caplen);
        pNewHdr->bh_hdrlen = sizeof(bpf_hdr);
        // 将数据帧添加到列表 m_listPacket
        if(! m_listPacket. Add(pNewHdr))
        | // 添加失败,删除当前指针
            delete[ ] pNewHdr;

    }
    // 指针向后移动

```
                    nOff = Packet_WORDALIGN( nOff+pHdr->bh_hdrlen
                            + pHdr->bh_caplen );
                }
            }
        break;
        }
    }
    return 0;
}
```

在应用程序中，调用函数 CEcNpfDevice::CheckRecvFrame（PBYTE pData），从 m_list-Packet 列表得到一个数据帧，将其保存到指针 pData 所指的地址空间。

```
// -------------------------------------------------------
// CEcNpfDevice::CheckRecvFrame（）:应用程序获得一个数据帧
// pData:将数据帧存储在应用程序地址 pData
// -------------------------------------------------------
long CEcNpfDevice::CheckRecvFrame( PBYTE pData )
{
    int nData;
    PVOID pTemp;
    if( m_listPacket. Remove( pTemp ) )
    {
        struct bpf_hdr * pHdr = ( struct bpf_hdr * ) pTemp;
        nData = pHdr->bh_caplen;
        // 将数据帧复制到应用程序地址 pData
        memcpy( pData, ( ( BYTE * ) pHdr + sizeof( bpf_hdr ) ), nData );
        delete pTemp;
        return nData;
    }
    return 0;
}
```

6.2.8 关闭网卡

在退出主站程序之前，需要关闭已经打开的网卡，关闭网卡之前需要终止所接收的线程，关闭线程之后清空接收列表中的变量 m_ listPacket，以释放内存，关闭网卡程序源代码如下：

```
// -------------------------------------------------------
// CEcNpfDevice::Close（）:关闭网卡
// -------------------------------------------------------
HRESULT CEcNpfDevice::Close( )
{
```

```
if( m_hReceiverThread )
{
    m_bStopReceiver = true;
    // 通知所接收的线程自动终止
    ::SetEvent(m_hCloseEvent);
    DWORD dwWaitResult;
    // 等待直到线程终止
    switch ( dwWaitResult = ::WaitForSingleObject
            (m_hReceiverThread, INFINITE) )
    {
    case WAIT_FAILED:
        break;
    case WAIT_OBJECT_0:
        TRACE(_T("CEcNpfDevice::Close; Wait for thread
                (0x%x) exit successful !\n"), m_dwThreadId);
        break;
    case WAIT_TIMEOUT:
        TRACE(_T("CEcNpfDevice::Close;
                Timeout ::WaitForSingleObject elapsed!\n"));

        // 终止接收线程
        ::TerminateThread(m_hReceiverThread, ~0);
        break;
    default:
        TRACE(_T("CEcNpfDevice::Close; Unknown error
            occured by WaitForSingleObject!\n"));
        ::TerminateThread(m_hReceiverThread, ~0);
        break;
    }
    ::CloseHandle(m_hReceiverThread);
    m_hReceiverThread = NULL;
    ::ResetEvent(m_hCloseEvent);
}
if( m_pAdapter )
{
    // 关闭网卡 m_pAdapter
    PacketCloseAdapter(m_pAdapter);
}
PVOID pData;
// 清除数据帧列表中的 m_listPacket
while( m_listPacket.Remove(pData) )
    delete pData;
```

```
    return S_OK;
}
```

关闭网卡函数在 CEcNpfDevice 类的析构函数中调用，而析构函数则是在程序关闭退出之前由系统自动调用。CEcNpfDevice 类析构函数程序源代码如下：

```
CEcNpfDevice::~CEcNpfDevice()
{
    Close();                              // 关闭网卡通信
    CloseHandle(m_hCloseEvent);
    safe_delete_a(m_pszAdapter);
    ULONG cbRead;
    while( ReadPacket(NULL, 0, cbRead) = = ECERR_NOERR )
    {   // 等待直到线程停止
    }
}
```

6.3　从站设备对象定义和实现

CEcSimSlave 类实现了从站基本通信配置数据的定义和初始化，本驱动程序示例定义了两种类型的从站：

1）微处理器接口的 EtherCAT 从站，使用 4 个 SM 通道，支持邮箱通信和周期性数据通信；

2）直接 I/O 控制的 EtherCAT 从站，16 bit 输入和 16 bit 输出。

6.3.1　CEcSimSlave 类的定义

CEcSimSlave 类的定义对象是从站配置数据，以及其他状态数据和控制数据，成员函数只有构造函数和析构函数，CEcSimSlave 类的定义的程序源代码如下：

（1）SM 通道结构体

```
// ------------------------------------------------------------
// TSYNCMANAGE:SYNCMANAGE 数据结构定义
// ------------------------------------------------------------
typedef struct TSYNCMANAGE
{
    USHORT m_nPhyStart;          // 物理起始地址
    USHORT m_nLength;            // 数据长度
    UCHAR m_cControl;            // 控制寄存器
    UCHAR m_cStatus;             // 状态寄存器
    UCHAR m_cActive;             // ECAT 端激活寄存器
    UCHAR m_cPdiControl;         // PDI 端控制寄存器
} SYNCMANAGE, *PSYNCMANAGE;
```

（2）FMMU 配置结构体

```
// ----------------------------------------------------
// TFMMU:FMMU 数据结构定义
// ----------------------------------------------------
typedef struct TFMMU
{
    UINT m_nLgStart;              // 逻辑起始地址
    USHORT m_nLength;            // 数据长度
    UCHAR m_cLgStartBit;         // 逻辑起始位
    UCHAR m_cLgStopBit;          // 逻辑终止位
    USHORT m_nPhyStart;          // 物理内存起始地址
    UCHAR m_cPhyStartBit;        // 物理起始位
    UCHAR m_cType;               // 类型
    UCHAR m_cActive;             // 激活
    USHORT m_nReserve;           // 保留数据
} FMMU, * PFMMU;
```

（3）CEcSimSlave 类定义

```
// ----------------------------------------------------
// CEcSimSlave:从站类定义,定义了主站所需要从站的配置信息
// ----------------------------------------------------
class CEcSimSlave
{
// ----------------------------------------------------
// 公有成员函数
// ----------------------------------------------------
public:
    CEcSimSlave( int slvType);        // 构造函数
    ~ CEcSimSlave( void);             // 析构函数


// ----------------------------------------------------
// 公有成员变量
// ----------------------------------------------------
public:
    FMMU              m_pFmmu[4];       // FMMU
    SYNCMANAGE        m_pSyncM[4];      // SYNCMANAGER
    USHORT            m_cStatus;        // 状态字
    USHORT            m_nStatusCode;    // 状态码
    USHORT            m_nDlAddr;        // 数据链路层地址
    int               m_nSlvType;       // 从站类型
    USHORT            m_nOutOffset;     // 从站输出数据存储偏移地址
    USHORT            m_nOutLen;        // 从站输出数据长度
```

USHORT	m_nInOffset;	// 从站输入数据存储偏移地址
USHORT	m_nInLen;	// 从站输入数据长度

}

6.3.2 CEcSimSlave 类的实现

CEcSimSlave 类只实现了其构造函数，分别对两种类型的 EtherCAT 从站做配置数据初始化。两种类型的从站 SM 通道默认配置如表 6-1 所示，每个从站设备对象在定义的时候可按照表中值进行初始化，可连应用程序中修改微处理器接口的从站周期性数据通信时 SM 通道配置。

表 6-1　SM 通道默认配置

SM 通道	微处理器接口的从站	直接 16 bit 输入和 16 bit 输出从站
0	邮箱输出。 物理起始地址：0x1800 数据长度：64 B 1 个缓存区，写操作	数字量输出数据。 物理起始地址：0x0f00 数据长度：2 B 1 个缓存区，写操作
1	邮箱输入。 物理起始地址：0x1C00 数据长度：64 B 1 个缓存区，读操作	数字量输入数据。 物理起始地址：0x1000 数据长度：2 B 3 个缓存区，读操作
2	过程数据输出。 物理起始地址：0x1000 数据长度：16 B 3 个缓存区，写操作	不使用
3	过程数据输入。 物理起始地址：0x1100 数据长度：16 B 3 个缓存区，读操作	不使用

CEcSimSlave 类的实现的程序源代码如下：

```
// ------------------------------------------------------------
// CEcSimSlave 类的构造函数
// slvType:从站类型
// 1:8 bit 并行微处理器总线接口
// 0:16 bit IN/16 bit OUT 数字量 I/O 从站
// ------------------------------------------------------------
CEcSimSlave::CEcSimSlave( int slvType )
{
    int i;
    m_cStatus = 1;
    m_nStatusCode = 0;
    m_nDlAddr = 1000;
    m_nSlvType = slvType;
    m_nOutOffset = 0;
```

```
        m_lOut = 0;
        m_nOutLen = 0;
        m_nInOffset = 0;
        m_lIn = 0;
        m_nInLen = 0;
        for (i=0;i<4;i++)
        {
                m_pSyncM[i].m_cStatus = 0;
                m_pSyncM[i].m_cActive = 0x01;
                m_pSyncM[i].m_cPdiControl = 0;
        }

        if (slvType = = ISASLAVE)                    // 8 bit 并行微处理器总线接口
        {
                m_pSyncM[0].m_nPhyStart = 0x1800;
                m_pSyncM[0].m_nLength = 64;
                m_pSyncM[0].m_cControl = 0x26;
                m_pSyncM[1].m_nPhyStart = 0x1C00;
                m_pSyncM[1].m_nLength = 32;
                m_pSyncM[1].m_cControl = 0x22;
                m_pSyncM[2].m_nPhyStart = 0x1000;
                m_pSyncM[2].m_nLength = 64;
                m_pSyncM[2].m_cControl = 0x24;
                m_pSyncM[3].m_nPhyStart = 0x1100;
                m_pSyncM[3].m_nLength = 16;
                m_pSyncM[3].m_cControl = 0x20;
        }
        else                                         // I/O 从站接口
        {
                m_pSyncM[0].m_nPhyStart = 0x0f00;
                m_pSyncM[0].m_nLength = 2;
                m_pSyncM[0].m_cControl = 0x46;
                m_pSyncM[0].m_cActive = 0x0;
                m_pSyncM[1].m_nPhyStart = 0x1000;
                m_pSyncM[1].m_nLength = 2;
                m_pSyncM[1].m_cControl = 0x0;
                m_pSyncM[2].m_nPhyStart = 0;
                m_pSyncM[2].m_nLength = 0;
                m_pSyncM[2].m_cControl = 0x24;
                m_pSyncM[3].m_nPhyStart = 0;
                m_pSyncM[3].m_nLength = 0;
                m_pSyncM[3].m_cControl = 0x20;
        }
}
```

6.4 主站设备对象定义和实现

6.4.1 CEcSimMaster 类的定义

CEcSimMaster 类是驱动程序的主体类，它定义了 CEcNpf Device 类型的指针变量 m_pNpfdev 以实现网卡控制；定义了 CEcSimSlave 类型的指针变量 m_ppEcSlave 以管理从站；周期性输入和输出数据分别用字节型数组 m_InputImage 和 m_OutputImage 存放，相关重要成员函数有：

1）Open（）：启动主站运行，打开网卡通信；

2）CreatSlave（）：新建一个从站数据对象，并将其写入配置数据；

3）ImageAssign（）：根据各个从站的 SM 通道配置情况自动配置从站 FMMU 参数；

4）StateMachine（）：处理 EtherCAT 状态机；

5）PrepareCyclicFrameFmmu（）：准备逻辑寻址下周期性发送数据帧的框架；

6）PrepareCyclicFrame（）：准备设置寻址下周期性发送数据帧的框架；

7）SendCyclicFrameFmmu（）：使用逻辑寻址发送周期性数据命令，各从站使用 FMMU 映射输入/输出数据；

8）SendCyclicFrame（）：发送周期性数据命令；

9）CheckFrames（）：从 CEcNpfDevice 类接收并处理返回的数据帧。

CEcSimMaster 类的定义的程序源代码如下：

```
// --------------------------------------------------------
// CEcSimMaster 类的定义
// --------------------------------------------------------
class CEcSimMaster
{
// --------------------------------------------------------
// 公共成员函数
// --------------------------------------------------------
public：
    CEcSimMaster( int n );                      // 构造函数
    ~CEcSimMaster( void );                      // 析构函数
    void CreatDevice( );                        // 构造 CEcNpfDevice 类
    // 根据输入参数新建一个从站类对象
    void CreatSlave( int i, int nType, USHORT nSt1, USHORT nLen1,
                     USHORT nSt2, USHORT nLen2 );
    bool Open( );                               // 打开网卡设备
    void Delay( int i );                        // 延时函数
    void WriteSM( int i );                      // 写 SM 通道配置数据,参数 i 为 SM 通道编号
    void ClearSyncM( BYTE state );              // 根据当前状态清除 SM 通道配置数据
    void ActiveOutput( BOOL bOut );             // 激活从站的输出
```

```
// 写 Fmmu 配置数据,参数 i 为 Fmmu 编号
void WriteFmmu( int i );
// 将请求状态 state 写入 AL 控制寄存器
void WriteAlControl( BYTE state );
// 读从站当前状态
void ReadAlState( );                        // 读从站当前状态
void WriteDlAddr( );                        // 为从站配置地址
void StateMachine( );                       // 执行状态机处理
void Release( );                            // 释放网卡资源
void PrepareCyclicFrameFmmu( )              // 准备逻辑寻址时周期性发送数据帧的框架
void PrepareCyclicFrame( )                  // 准备设置寻址时周期性发送数据帧的框架
void SendCyclicFrame( );                    // 发送周期性数据命令
void SendCyclicFrameFmmu( );                // 发送周期性数据命令,使用 FMMU
long CheckFrames( );                        // 接收并检查返回的数据帧
void ImageAssign( );                        // FMMU 配置
int GetStateMachine( );                     // 得到当前状态
CString GetStateString( USHORT nState );    // 得到当前状态字符串


// --------------------------------------------------------------
// 公共成员变量
// --------------------------------------------------------------
public:
    int             m_nStatus;                      // 当前状态
    int             m_nRequire;                     // 请求状态
    USHORT          m_nReadStatus;                  // 读取到从站实际状态
    long            m_lSendFrame;                   // 发送数据帧计数
    long            m_lRecvFrame;                   // 接收数据帧计数
    BOOL            m_bFmmu;                         // 是否使用 FMMU
    int             m_nEth;                          // 使用网卡编号
    ULONG           m_nEcSlave;                      // 从站数目
    USHORT          m_nCycTime;                      // 周期时间
    BYTE            m_nIndex;                         // EtherCAT 命令索引
    BYTE            m_InputImage[ MAXIMAGESIZE ];     // 输入数据映射区
    BYTE            m_OutputImage[ MAXIMAGESIZE ];    // 输出数据映射区
    USHORT          m_nInSize;                        // 输入数据长度
    USHORT          m_nOutSize;                       // 输出数据长度
    CEcSimSlave **          m_ppEcSlave;             // 从站对象指针
    CEcNpfDevice *          m_pNpfdev;               // 网卡设备指针
    ETHERNET_ADDRESS        m_macAddr;               // MAC 地址
}
```

6.4.2　初始化和启动 CEcSimMaster 数据对象

在定义一个 CEcSimMaster 数据对象的时候运行 CEcSimMaster 类构造函数，完成其成员变量数据的初始化，其程序源代码如下：

```
// ------------------------------------------------------
// CEcSimMaster 类的定义
// 参数 n:从站数目
// ------------------------------------------------------
CEcSimMaster::CEcSimMaster( int n)
{
    int i;
    m_nEcSlave = n;
    m_nStatus = 10;
    m_nRequire = 10;
    m_nIndex = 0;
    m_lSendFrame = 0;
    m_lRecvFrame = 0;
    m_bFmmu = 1;
    m_nEth = 0;
    m_ppEcSlave = new CEcSimSlave * [ m_nEcSlave];
    memset( m_ppEcSlave, 0, m_nEcSlave * sizeof( CEcSimSlave * ));
    for (i=0;i<m_nEcSlave;i++)
    {
        m_ppEcSlave[i] = new CEcSimSlave(IOSLAVE);
        m_ppEcSlave[i]->m_nDlAddr = 1000 + i;
    }
    memset( m_OutputImage,0,MAXIMAGESIZE);
    memset( m_InputImage,0,MAXIMAGESIZE);
    m_pNpfdev = NULL;
}
```

主站类中使用 Open( )函数新建一个网卡通信控制数据对象，并打开网卡通信，启动主站运行。Open( )函数应用程序源代码如下：

```
bool CEcSimMaster::Open( )
{
    HRESULT hr;
    //      使用给定 MAC 地址新建一个网卡通信控制数据对象
    m_pNpfdev = new CEcNpfDevice( m_macAddr);
    if ( m_pNpfdev)
    {
        //      打开网卡通信
        if( !SUCCEEDED( hr = m_pNpfdev->Open( )))
```

```
            {
                return FALSE;
            }
        }
    return TRUE;
}
```

6.4.3 配置从站设备对象

主站设备类根据系统配置数据对从站设备对象进行配置，只要正确配置从站 ESC 中 SM 通道参数即可实现基本的数据通信，如果使用逻辑寻址，需要根据各个从站的过程数据来设定逻辑寻址命令和各从站中 FMMU 通道参数。其程序源代码如下：

（1）SM 通道的配置

```
// --------------------------------------------------------------
//      从站类对象参数的刷新
//      i:              从站编号
//      nType:          从站类型
//      nSt1:           输出数据 SM 通道起始地址
//      nLen1:          输出数据 SM 通道长度
//      nSt2:           输入数据 SM 通道起始地址
//      nLen2:          输入数据 SM 通道长度
// --------------------------------------------------------------
void CEcSimMaster::CreatSlave(int i, int nType, USHORT nSt1,
USHORT nLen1, USHORT nSt2, USHORT nLen2)
{
    m_ppEcSlave[i] = new CEcSimSlave(nType);
    m_ppEcSlave[i]->m_pSyncM[2].m_nPhyStart = nSt1;
    m_ppEcSlave[i]->m_pSyncM[2].m_nLength = nLen1;
    m_ppEcSlave[i]->m_pSyncM[3].m_nPhyStart = nSt2;
    m_ppEcSlave[i]->m_pSyncM[3].m_nLength = nLen2;
    m_ppEcSlave[i]->m_nDlAddr = 1000 + i;
}
```

（2）FMMU 通道的配置

```
// --------------------------------------------------------------
// 计算过程数据时使用 FMMU 通道的配置
// --------------------------------------------------------------
void CEcSimMaster::ImageAssign()
{
    int i;
    // --------------------------------------------------------------
    // 从站 0 输出 FMMU 通道的配置
```

```
//  --------------------------------------------------------
//  输出 FMMU 通道长度等于输出 SM 通道长度
m_ppEcSlave[0]->m_nOutLen = m_ppEcSlave[0]->
    m_pSyncM[2 * m_ppEcSlave[0]->m_nSlvType].m_nLength;
//  输入 FMMU 通道长度等于输入 SM 通道长度
m_ppEcSlave[0]->m_nInLen = m_ppEcSlave[0]->
    m_pSyncM[2 * m_ppEcSlave[0]->m_nSlvType + 1].m_nLength;
//  输出 FMMU 通道的逻辑起始地址为 0x00001000
m_ppEcSlave[0]->m_pFmmu[0].m_nLgStart = 0x00001000;
//  输出 FMMU 通道的数据长度
m_ppEcSlave[0]->m_pFmmu[0].m_nLength =
    m_ppEcSlave[0]->m_nOutLen;
//  输出 FMMU 通道的逻辑起始位等于 0
m_ppEcSlave[0]->m_pFmmu[0].m_cLgStartBit = 0;
//  输出 FMMU 通道的逻辑终止位等于 7
m_ppEcSlave[0]->m_pFmmu[0].m_cLgStopBit = 7;
//  输出 FMMU 通道的物理起始地址等于输出 SM 通道的起始地址
m_ppEcSlave[0]->m_pFmmu[0].m_nPhyStart = m_ppEcSlave[0]->
    m_pSyncM[2 * m_ppEcSlave[0]->m_nSlvType].m_nPhyStart;
//  输出 FMMU 通道的物理起始位等于 0
m_ppEcSlave[0]->m_pFmmu[0].m_cPhyStartBit = 0;
//  输出 FMMU 通道的类型为写
m_ppEcSlave[0]->m_pFmmu[0].m_cType = 0x02;
//  激活输出 FMMU 通道
m_ppEcSlave[0]->m_pFmmu[0].m_cActive = 0x01;
m_nOutSize = m_ppEcSlave[0]->m_pFmmu[0].m_nLength;
//  --------------------------------------------------------
//      从站 0 输入 FMMU 通道的配置
//  --------------------------------------------------------
m_ppEcSlave[0]->m_pFmmu[1].m_nLgStart = 0x00001000;
m_ppEcSlave[0]->m_pFmmu[1].m_nLength =
    m_ppEcSlave[0]->m_nInLen;
m_ppEcSlave[0]->m_pFmmu[1].m_cLgStartBit = 0;
m_ppEcSlave[0]->m_pFmmu[1].m_cLgStopBit = 7;
m_ppEcSlave[0]->m_pFmmu[1].m_nPhyStart = m_ppEcSlave[0]->
    m_pSyncM[2 * m_ppEcSlave[0]->m_nSlvType+ 1].m_nPhyStart;
m_ppEcSlave[0]->m_pFmmu[1].m_cPhyStartBit = 0;
m_ppEcSlave[0]->m_pFmmu[1].m_cType = 0x01;
m_ppEcSlave[0]->m_pFmmu[1].m_cActive = 0x01;
m_nInSize = m_ppEcSlave[0]->m_pFmmu[1].m_nLength;
//  --------------------------------------------------------
//      后续从站 FMMU 通道配置
//  --------------------------------------------------------
```

```
for (i=1;i<m_nEcSlave;i++)
{
    m_ppEcSlave[i]->m_nOutLen = m_ppEcSlave[i]->
        m_pSyncM[2 * m_ppEcSlave[i]->m_nSlvType].m_nLength;
    m_ppEcSlave[i]->m_nOutOffset = m_ppEcSlave[i-1]->
        m_nOutOffset + m_ppEcSlave[i-1]->m_nOutLen;
    m_ppEcSlave[i]->m_pFmmu[0].m_nLgStart =
        m_ppEcSlave[i-1]->m_pFmmu[0].m_nLgStart
        + m_ppEcSlave[i-1]->m_nOutLen;
    m_ppEcSlave[i]->m_pFmmu[0].m_nLength =
        m_ppEcSlave[i]->m_nOutLen;
    m_ppEcSlave[i]->m_pFmmu[0].m_cLgStartBit = 0;
    m_ppEcSlave[i]->m_pFmmu[0].m_cLgStopBit = 7;
    m_ppEcSlave[i]->m_pFmmu[0].m_nPhyStart = m_ppEcSlave[i]->
        m_pSyncM[2 * m_ppEcSlave[i]->m_nSlvType].m_nPhyStart;
    m_ppEcSlave[i]->m_pFmmu[0].m_cPhyStartBit = 0;
    m_ppEcSlave[i]->m_pFmmu[0].m_cType = 0x02;
    m_ppEcSlave[i]->m_pFmmu[0].m_cActive = 0x01;
    m_nOutSize = m_nOutSize +
        m_ppEcSlave[i]->m_pFmmu[0].m_nLength;
    m_ppEcSlave[i]->m_nInLen = m_ppEcSlave[i]->
        m_pSyncM[2 * m_ppEcSlave[i]->m_nSlvType + 1].m_nLength;
    m_ppEcSlave[i]->m_nInOffset = m_ppEcSlave[i-1]->
        m_nInOffset + m_ppEcSlave[i-1]->m_nInLen;
    m_ppEcSlave[i]->m_pFmmu[1].m_nLgStart =
        m_ppEcSlave[i-1]->m_pFmmu[1].m_nLgStart
        + m_ppEcSlave[i-1]->m_nInLen;
    m_ppEcSlave[i]->m_pFmmu[1].m_nLength =
        m_ppEcSlave[i]->m_nInLen;
    m_ppEcSlave[i]->m_pFmmu[1].m_cLgStartBit = 0;
    m_ppEcSlave[i]->m_pFmmu[1].m_cLgStopBit = 7;
    m_ppEcSlave[i]->m_pFmmu[1].m_nPhyStart =
        m_ppEcSlave[i]->m_pSyncM[2 * m_ppEcSlave[i]
        ->m_nSlvType+ 1].m_nPhyStart;
    m_ppEcSlave[i]->m_pFmmu[1].m_cPhyStartBit = 0;
    m_ppEcSlave[i]->m_pFmmu[1].m_cType = 0x01;
    m_ppEcSlave[i]->m_pFmmu[1].m_cActive = 0x01;
    m_nInSize = m_nInSize +
        m_ppEcSlave[i]->m_pFmmu[1].m_nLength;
}
```

6.4.4 状态机运行

主站执行状态机控制，完成所有从站设备的初始化，主站初始化过程中相关寄存器操作如表6-2所示。其中对应发送函数在6.4.5中介绍。

表6-2　主站对所有从站设备初始化过程中相关寄存器操作

状　态	步骤	操　　作	使 用 命 令	对应寄存器地址（长度/B）	对应发送非周期性数据报文的函数
	1	设置从站为初始化状态	APWR/BWR	0x0120(2)	WriteAlControl(int nState)
复位进入"Init"状态	2	写从站设置地址	APWR	0x10(2)	WriteDlAddr()
	3	配置邮箱通信SM通道	FPWR	0x800;0x80F	WriteSM(int i)
	4	主站写状态控制寄存器，请求"Pre-Op"状态	FPWR	0x0120(2)	WriteAlControl(int nState)
	5	主站读从站状态寄存器	FPRD	0x0130(2)	ReadAlState()
进入"Pre-Op"状态，可以进行邮箱通信	6	可选的应用层邮箱数据通信	FPWR/FPRD	0x1800,0x1C00	未使用
	7	数据通信的SM通道配置	FPWR	0x810;0x81F	WriteSM(int i)
	8	配置FMMU通道（0和1）	FPWR	0x600;0x61F	WriteFmmu(int i)
	9	写状态控制寄存器，请求"Safe-Op"状态	FPWR	0x0120(2)	WriteAlControl(int nState)
	10	主站读从站状态寄存器	FPRD	0x0130(2)	ReadAlState()
进入"Safe-Op"状态，周期性数据通信，输出数据无效	11	可选的应用层邮箱数据通信，配置应用参数	FPWR/FPRD	0x1800,0x1C00	未使用
	12	主站写状态控制寄存器，请求"Op"状态	FPWR	0x0120(2)	WriteAlControl(int nState)
	13	主站读从站状态寄存器	FPRD	0x0130(2)	ReadAlState()

进入"Op"状态，输入和输出全部有效，仍然可以进行邮箱通信

主站执行状态机控制函数的程序源代码如下：

```
// ------------------------------------------------------
//      主站执行状态机控制
//      int m_nStatus:    当前状态
//      int m_nRequire:   请求状态
// ------------------------------------------------------
void CEcSimMaster::StateMachine()
{
    if( m_nRequire > m_nStatus )        // 状态上升
    {
        switch( m_nStatus )             // 从当前状态开始执行
        {
        case 10:                        // 当前为 Init 状态
            WriteAlControl(1);          // 请求 Init 状态
            Delay(DELAYTIME);           // 延时
```

```
            WriteSM(0);                    // 配置从站 SM0 通道
            Delay(DELAYTIME);              // 延时
            WriteSM(1);                    // 配置从站 SM1 通道
            Delay(DELAYTIME);              // 延时
            WriteDlAddr();                 // 为从站配置站点地址
            Delay(DELAYTIME);              // 延时
            WriteAlControl(2);             // 请求 Pre-Op 状态
            m_nStatus = 11;                // 主站程序进入中间状态
            break;
    case 11:
            ReadAlState();                 // 读从站状态
            m_nStatus = 12;
            break;
    case 12:
            if((m_nReadStatus & 0x000f) == 2)
            {                              // 检查从站是否进入 Pre-Op 状态
                m_nStatus = 20;            // 如进入,则主站程序进入 Pre-Op 状态
            }
            else
            {
                m_nStatus = 11;            // 如未进入,则主站程序进入中间状态
            }
            break;
    case 20:                               // 当前为 Pre-Op 状态
            WriteSM(2);                    // 配置从站 SM2 通道
            Delay(DELAYTIME);              // 延时
            WriteSM(3);                    // 配置从站 SM3 通道
            Delay(DELAYTIME);              // 延时
            WriteFmmu(0);                  // 配置从站 FMMU0 通道
            Delay(DELAYTIME);              // 延时
            WriteFmmu(1);                  // 配置从站 FMMU1 通道
            Delay(DELAYTIME);              // 延时
            WriteAlControl(4);             // 请求 Safe-Op 状态
            m_nStatus = 21;                // 主站驱动程序进入等待状态
            break;
    case 21:
            ReadAlState();                 // 读从站状态
            m_nStatus = 22;
            break;
    case 22:
            if((m_nReadStatus & 0x000f) == 4)
            {                              // 检查从站是否进入 Safe-Op 状态
```

```
            m_nStatus = 40;                        // 如进入,则主站程序进入 Safe-Op 状态
        }
        else
        {
            m_nStatus = 21;                        // 如未进入则退回上一状态继续等待
        }
        break;
    case 40:                                        // 当前为 Safe-Op 状态
        WriteAlControl(8);                          // 请求 Op 状态
        m_nStatus = 41;                            // 主站驱动程序进入等待状态
        break;
    case 41:
        ReadAlState();                              // 读从站状态
        m_nStatus = 42;
        break;
    case 42:
        if((m_nReadStatus & 0x000f) = = 8)
        {                                          // 检查从站是否进入 Op 状态
            m_nStatus = 80;                        // 如进入,则主站程序进入 Op 状态
        }
        else
        {
            m_nStatus = 41;                        // 如未进入,则退回上一状态继续等待
        }
        break;
    }
}

else if(m_nRequire <m_nStatus)                      // 状态下降
{
    WriteAlControl(m_nRequire/10);                  // 请求从站进入所请求的状态
    m_nStatus = m_nRequire;                         //
}
}
```

6.4.5　发送非周期性 EtherCAT 数据帧

在初始化阶段,主站发送非周期性数据帧给从站,完成从站配置。需要配置的寄存器和对应的函数见表 6-2。发送不同配置数据的非周期性数据帧各不相同,下面以主站对从站配置 SM 通道为例说明非周期性数据帧的发送。在函数中,主站使用 FPWR 命令写每个从站的 SM 通道配置寄存器 0x800+8×i,配置目标数据见表 6-1。函数源代码如下:

```
// --------------------------------------------------------------
//    发送配置从站 SM 通道的非周期性数据帧
//    int i:SM 通道号
// --------------------------------------------------------------
void CEcSimMaster::WriteSM(int i)
{
    ULONG slvCnt = 0;
    int frameLen = 0;

    ETHERNET_88A4_MAX_FRAME ethFrame;
    ethFrame.Ether.Destination = BroadcastEthernetAddress;
    ethFrame.Ether.Source = m_macAddr;         // 数据帧源 MAC 地址
    ethFrame.Ether.FrameType = 0xA488;         // 数据帧类型

    // 初始化一个子报文头
    ETYPE_EC_HEADER ecHdr;
    ecHdr.cmd = EC_CMD_TYPE_FPWR;              // 使用 FPWR 命令
    ecHdr.idx = 0x82;                          // 数据帧索引号
    ecHdr.ado = 0x800 + i * 8;                 // 操作 SM 通道配置寄存器地址
    ecHdr.len = 8;                             // 子报文数据区长度为 8B
    ecHdr.next = 1;                            // 有后续子报文
    ecHdr.res = 0;
    ecHdr.irq = 0;
    PBYTE pData = ethFrame.Data;
    // 使用字节型指针指向数据帧的数据区
    for (slvCnt = 0; slvCnt<m_nEcSlave; slvCnt++)
    {
        if ((m_ppEcSlave[slvCnt]->m_pSyncM[i]).m_nLength != 0)
        {
            ecHdr.adp = m_ppEcSlave[slvCnt]->m_nDlAddr;
            // 写入从站设置地址
            memcpy(pData,&ecHdr,10);          // 初始化子报文头
            pData = pData + 10;
            frameLen = frameLen + 10;
            memcpy(pData,&(m_ppEcSlave[slvCnt]->m_pSyncM[i]),8);
            // 写入从站 SM 通道 i 的配置数据
            pData = pData + 8;
            frameLen = frameLen + 8;
            pData[0] = 0;
            pData[1] = 0;
            pData = pData + 2;
            frameLen = frameLen + 2;
```

```
        }
    }
    pData = pData-13;
    pData[0] = pData[0] & 0x7F;                    // 清除最后一个子报文的后续报文标志
    ethFrame. E88A4. Length = frameLen;
    ethFrame. E88A4. Type = 1;
    if( m_pNpfdev)
    {
        m_pNpfdev->SendPacket(&ethFrame,frameLen + 16);
        // 发送以太网数据帧
        m_lSendFrame++;
    }
}
```

6.4.6 发送周期性 EtherCAT 数据帧

EtherCAT 通信中，主站使用写数据命令实现数据的输出，用读数据命令实现数据的输入。主站周期性地发送包括写数据命令和读数据命令的数据帧，数据帧格式相同。示例程序中先准备好一个周期性数据帧框架，然后周期性地填入输出数据。发送数据帧后，数据帧经过每个从站时，从站将输入数据填入读数据命令的数据区，然后返回到主站。周期性数据帧可以使用 FMMU 逻辑寻址方式或设置寻址方式进行发送。本示例分别给出使用 FMMU 方式和设置寻址方式的周期性数据帧发送程序。

（1）使用 FMMU 方式

分别使用 LRD 和 LWR 命令执行数据输入和输出操作，构造一个数据帧框架，在周期性发送时对固定位置更新输出数据即可。准备数据帧框架的程序源代码如下：

```
// ----------------------------------------------------------------
//      PrepareCyclicFrameFmmu( ):使用逻辑寻址准备周期性数据帧框架
//      pFrame:周期性数据帧的存放指针
// ----------------------------------------------------------------
void CEcSimMaster::PrepareCyclicFrameFmmu( unsigned char * pFrame)
{
    ULONG slvCnt = 0;
    int frameLen = 0;
    int outOffset = 0;
    PETYPE_EC_HEADER pEcHdr;

    ((PETHERNET_88A4_FRAME)pFrame)->Ether. Destination =
        BroadcastEthernetAddress;                  // 目的地址为广播 MAC 地址
    ((PETHERNET_88A4_FRAME)pFrame)->Ether. Source = m_macAddr;
    ((PETHERNET_88A4_FRAME)pFrame)->Ether. FrameType =
        ETHERNET_FRAME_TYPE_ECAT;                  // 以太类型为 0x88A4
```

```
((PETHERNET_88A4_FRAME)pFrame)->E88A4. Reserved = 0;
((PETHERNET_88A4_FRAME)pFrame)->E88A4. Type =
    ETYPE_88A4_TYPE_ECAT;                          // 数据类型为 ECAT
// 初始长度为最大数据长度
((PETHERNET_88A4_FRAME)pFrame)->E88A4. Length =
    ETHERNET_MAX_FRAME_LEN-ETHERNET_88A4_FRAME_LEN;
// 数据全部置零
memset(pFrame+ETHERNET_88A4_FRAME_LEN,0x00,
    ETHERNET_MAX_FRAME_LEN-ETHERNET_88A4_FRAME_LEN);


// -----------------------------------------------------------
// 使用 LWR 命令写从站 ESC 存储区,实现数据的输出
// 使用 EtherCAT 子报文类型指针操作数据区
// -----------------------------------------------------------
pEcHdr =(PETYPE_EC_HEADER)
        (pFrame+ETHERNET_88A4_FRAME_LEN+frameLen);
ecHdr. cmd = EC_CMD_TYPE_LWR;
ecHdr. idx = 0;
ecHdr. laddr = m_ppEcSlave[0]->m_pFmmu[0]. m_nLgStart;
ecHdr. len = m_nOutSize;
ecHdr. next = 1;
ecHdr. res = 0;
ecHdr. irq = 0;
frameLen = ETYPE_EC_HEADER_LEN + ecHdr. len + 2;


// -----------------------------------------------------------
// 使用 LRD 命令读从站 ESC 存储区,实现数据的输入
// 使用 EtherCAT 子报文类型指针操作数据区
// -----------------------------------------------------------
pEcHdr =(PETYPE_EC_HEADER)
        (pFrame+ETHERNET_88A4_FRAME_LEN+frameLen);
ecHdr. cmd = EC_CMD_TYPE_LRD;
ecHdr. idx = 0;
ecHdr. laddr = m_ppEcSlave[0]->m_pFmmu[1]. m_nLgStart;
ecHdr. len = m_nInSize;
ecHdr. next = 1;
ecHdr. res = 0;
ecHdr. irq = 0;
frameLen = ETYPE_EC_HEADER_LEN + ecHdr. len + 2;


// -----------------------------------------------------------
// 使用 BRD 命令读所有从站的状态寄存器,对所有从站做实时监测
```

```
    // 使用 EtherCAT 子报文类型指针操作数据区
    // ------------------------------------------------------------
    pEcHdr = (PETYPE_EC_HEADER)
            (pFrame+ETHERNET_88A4_FRAME_LEN+frameLen);
    ecHdr. cmd = EC_CMD_TYPE_BRD;
    ecHdr. adp = 0;
    ecHdr. ado = 0x120;
    ecHdr. len = 2;
    ecHdr. next = 0;
    frameLen = ETYPE_EC_HEADER_LEN + ecHdr. len + 2

    // 置实际数据长度
    ((PETHERNET_88A4_FRAME)pFrame)->E88A4. Length = frameLen;
}
```

周期性发送数据帧时，把 m_OutputImage 中更新的输出数据复制到到数据帧框架的 LWR 命令数据区后再发送，其程序源代码如下：

```
// ------------------------------------------------------------
//   SendCyclicFrameFmmu ( ) : 发送周期性数据帧, 使用 FMMU
//   pFrame : 周期性数据帧的存放指针
// ------------------------------------------------------------
void CEcSimMaster: :SendCyclicFrameFmmu( unsigned char * pFrame)
{
    ULONG slvCnt = 0;
    int frameLen = 0;
    int outOffset = 0;
    PETYPE_EC_HEADER pEcHdr;
    PVOID pData;
    // -----复制输出数据 -----
    pEcHdr = (PETYPE_EC_HEADER)
            (pFrame+ETHERNET_88A4_FRAME_LEN+frameLen);
    pEcHdr. idx = m_nIndex;
    pData = ENDOF( ecHdr);
    memcpy( pData, m_OutputImage, ecHdr. len);
    // -----发送数据帧 -----
    if( m_pNpfdev)
    {
        m_pNpfdev->SendPacket( &pFrame,
            ( ETHERNET_88A4_FRAME_LEN +
            (( PETHERNET_88A4_FRAME)pFrame)->E88A4. Length);
        m_lSendFrame++;
    }
```

```
        m_nIndex ++;                 // 索引增加
        if( m_nIndex>=0x80)          // 周期性数据帧索引 0~0x7F
        {
            m_nIndex = 0;
        }

}
```

（2）使用设置寻址方式

使用 FPRD 和 FPWR 命令操作站点的输入和输出。首先构造一个数据帧框架，在周期性发送数据时对固定位置更新输出数据即可。准备数据帧框架的程序源代码如下：

```
// --------------------------------------------------------------
//    PrepareCyclicFrame( ):准备设置寻址周期性数据帧框架
//    pFrame:周期性数据帧的存放指针
// --------------------------------------------------------------
void CEcSimMaster::PrepareCyclicFrame( unsigned char * pFrame )
{
    ULONG slvCnt = 0;
    int frameLen = 0;
    int outOffset = 0;
    PETYPE_EC_HEADER pEcHdr;
    ( ( PETHERNET_88A4_FRAME )pFrame )->Ether. Destination =
        BroadcastEthernetAddress;        // 目的地址为广播 MAC 地址
    ( ( PETHERNET_88A4_FRAME )pFrame )->Ether. Source = m_macAddr;
    ( ( PETHERNET_88A4_FRAME )pFrame )->Ether. FrameType =
        ETHERNET_FRAME_TYPE_ECAT; // 以太类型为 0x88A4
    ( ( PETHERNET_88A4_FRAME )pFrame )->E88A4. Reserved = 0;
    ( ( PETHERNET_88A4_FRAME )pFrame )->E88A4. Type =
        ETYPE_88A4_TYPE_ECAT;            // 数据类型为 ECAT
    // 初始长度为最大数据长度
    ( ( PETHERNET_88A4_FRAME )pFrame )->E88A4. Length =
        ETHERNET_MAX_FRAME_LEN-ETHERNET_88A4_FRAME_LEN;
    // 将数据全部置零
    memset( pFrame+ETHERNET_88A4_FRAME_LEN,0x00,
        ETHERNET_MAX_FRAME_LEN-ETHERNET_88A4_FRAME_LEN);


    // --------------------------------------------------------------
    // 使用 FPWR 命令完成输出数据,每个从站使用一个子报文
    // 使用 EtherCAT 子报文类型指针操作数据区
    // --------------------------------------------------------------
    for ( slvCnt = 0; slvCnt<m_nEcSlave; slvCnt++)
    {
```

```
        pEcHdr =(PETYPE_EC_HEADER)
                (pFrame+ETHERNET_88A4_FRAME_LEN+frameLen);
    ecHdr. cmd = EC_CMD_TYPE_FPWR;
    ecHdr. idx = 0;
    ecHdr. adp = m_ppEcSlave[slvCnt]->m_nDlAddr;
    ecHdr. ado = m_ppEcSlave[slvCnt]->
        m_pSyncM[m_ppEcSlave[slvCnt]->m_nSlvType * 2].
        m_nPhyStart;        // 子报文起始地址为输出 SM 通道起始地址
    ecHdr. len = m_ppEcSlave[slvCnt]->
        m_pSyncM[m_ppEcSlave[slvCnt]->m_nSlvType * 2].
        m_nLength;        // 数据长度为输出 SM 通道数据长度
    ecHdr. next = 1;
    ecHdr. res = 0;
    ecHdr. irq = 0;
    frameLen = frameLen + ETYPE_EC_HEADER_LEN + ecHdr. len + 2;
}


// ----------------------------------------------------------
// 使用 FPRD 命令完成读输入数据,每个从站使用一个子报文
// 使用 EtherCAT 子报文类型指针操作数据区
// ----------------------------------------------------------
for (slvCnt = 0; slvCnt<m_nEcSlave; slvCnt++)
{
    pEcHdr =(PETYPE_EC_HEADER)
                (pFrame+ETHERNET_88A4_FRAME_LEN+frameLen);
    ecHdr. cmd = EC_CMD_TYPE_FPRD;
    ecHdr. idx = 0;
    ecHdr. adp = m_ppEcSlave[slvCnt]->m_nDlAddr;
    ecHdr. ado = m_ppEcSlave[slvCnt]->
        m_pSyncM[m_ppEcSlave[slvCnt]->m_nSlvType * 2 +1].
        m_nPhyStart;        // 子报文起始地址为输入 SM 通道起始地址
    ecHdr. len = m_ppEcSlave[slvCnt]->
        m_pSyncM[m_ppEcSlave[slvCnt]->m_nSlvType * 2 +1].
        m_nLength;        // 数据长度为输入 SM 通道数据长度
    ecHdr. next = 1;
    ecHdr. res = 0;
    ecHdr. irq = 0;
    frameLen = frameLen + ETYPE_EC_HEADER_LEN + ecHdr. len + 2;
}


// ----------------------------------------------------------
// 使用 BRD 命令读所有从站的状态寄存器,对所有从站做实时监测
```

```
// 使用 EtherCAT 子报文类型指针操作数据区
// -------------------------------------------------------
pEcHdr =(PETYPE_EC_HEADER)
    (pFrame+ETHERNET_88A4_FRAME_LEN+frameLen);
ecHdr. cmd = EC_CMD_TYPE_BRD;
ecHdr. adp = 0;
ecHdr. ado = 0x120;
ecHdr. len = 2;
ecHdr. next = 0;
frameLen = frameLen + ETYPE_EC_HEADER_LEN + ecHdr. len + 2
// 置实际数据长度
((PETHERNET_88A4_FRAME)pFrame)->E88A4. Length = frameLen;
}
```

周期性发送数据帧时，把 m_OutputImage 中的输出数据分别复制到数据帧框架的 FPWR 命令数据区后再发送，程序源代码如下：

```
// -------------------------------------------------------
//   SendCyclicFrame ():发送周期性数据帧,不使用 FMMU
//   pFrame:周期性数据帧的存放指针
// -------------------------------------------------------
void CEcSimMaster::SendCyclicFrame(unsigned char * pFrame)
{
    ULONG slvCnt = 0;
    int frameLen = 0;
    int outOffset = 0;
    int index;
    PETYPE_EC_HEADER pEcHdr;
    PVOID pData;
    index = m_nIndex;
    for (slvCnt = 0; slvCnt<m_nEcSlave; slvCnt++)
    {
        pEcHdr =(PETYPE_EC_HEADER)
            (pFrame+ETHERNET_88A4_FRAME_LEN+frameLen);
        ecHdr. idx = index;
        pData =ENDOF(ecHdr);
    // 复制输出数据
        memcpy(pData,m_OutputImage + outOffset,ecHdr. len);
        outOffset = outOffset + ecHdr. len;
        frameLen = ETYPE_EC_HEADER_LEN + ecHdr. len + 2;
        index = 0;
    }
    // 发送数据帧
```

```
    if( m_pNpfdev)
    {
        m_pNpfdev->SendPacket(&ethFrame,
            ( ETHERNET_88A4_FRAME_LEN + (( PETHERNET_88A4_FRAME) pFrame) -> E-
88A4. Length);
        m_lSendFrame++;
    }

    m_nIndex ++;
    if( m_nIndex>= 0x80)
    {
        m_nIndex = 0;
    }
}
```

6.4.7　接收 EtherCAT 数据帧

主站检查所有返回的数据帧，得到非周期性操作结果或周期性输入数据。程序中首先通过判断数据帧类型 0x88A4 来挑选 EtherCAT 数据帧，然后使用数据帧中的第一个子报文的索引来区分周期性数据帧和非周期性数据帧，索引号小于 0x80 的报文为周期性报文，索引号大于等于 0x80 的报文为非周期性报文。将周期性数据写入到数组 m_InputImage 中，而非周期性数据报文则被立即处理。根据子报文索引号可以判断非周期性数据报文的类型，随后做出相应的处理。接收 Ether CAT 数据帧的程序源代码如下：

```
// --------------------------------------------------------
//    CheckFrames():检查接收到的数据帧
// --------------------------------------------------------
long CEcSimMaster::CheckFrames()
{
    PETHERNET_88A4_MAX_FRAME ethFrame;
    BYTE packetData[ sizeof( ETHERNET_88A4_MAX_FRAME)];
    PUSHORT      pFrameType;
    int nDataNumber = 0;
    // 从 NPF 驱动程序得到一个数据帧,nData 为数据帧长度
    longnData = m_pNpfdev->CheckRecvFrame( packetData);
    // ethFrame 指向收到数据帧
    ethFrame = PETHERNET_88A4_MAX_FRAME( packetData);
    while( nData != 0)
    {
        if ( nData < ETHERNET_FRAME_LEN )   // 如果数据帧不完整
            return FALSE;
```

```
pFrameType = FRAMETYPE_PTR(ethFrame);          // 得到数据帧类型
if( * pFrameType = = ETHERNET_FRAME_TYPE_ECAT)
{   // 如果是 EtherCAT 数据帧类型 0x88A4
    m_lRecvFrame ++;                            // 表示接收的计数值增加
    PETHERNET_88A4_MAX_HEADERp88A4 =
        (PETHERNET_88A4_MAX_HEADER)ENDOF(pFrameType);
    if ( p88A4->E88A4. Type = = ETYPE_88A4_TYPE_ECAT )
    {   // 是 EtherCAT 指针
        ULONG e88A4Len = p88A4->E88A4. Length;
        // pHead 指向第一个 EtherCAT 命令子报文
        PETYPE_EC_HEADER pHead = &p88A4->FirstEcHead;
        nDataNumber = 0;
        if ( pHead->idx < EC_HEAD_IDX_SLAVECMD )
        {   // 是周期性数据帧
            while ( pHead )
            {   // 遍历每一个 EtherCAT 命令子报文
                if ( e88A4Len < ETYPE_EC_CMD_LEN(pHead))
                    break;                     // 数据不完整
                if (pHead->cmd = = EC_CMD_TYPE_FPWR)
                {   // 是 FPWR 命令子报文

                }
                else if( pHead->cmd = = EC_CMD_TYPE_FPRD)
                {   // 是 FPRD 命令子报文,复制输入数据到输入映像区
                    memcpy(m_InputImage + nDataNumber,
                        ENDOF(pHead), pHead->len);
                    nDataNumber = nDataNumber + pHead->len;
                }

                else if ( pHead->cmd = = EC_CMD_TYPE_BRD)
                {   // 是 BRD 命令子报文

                }
                else if ( pHead->cmd = = EC_CMD_TYPE_LRD)
                {   // 是 LRD 命令子报文,复制输入数据到输入映像区
                    memcpy(m_InputImage, ENDOF(pHead),
                        m_nInSize);
                }
                e88A4Len -= ETYPE_EC_CMD_LEN(pHead);
                if ( pHead->next )// 有后续命令子报文
                    pHead = NEXT_EcHeader(pHead);
                else
```

```
                                    pHead = NULL;
                    }
            }
            else   // 非周期性数据帧,用 Index 表示命令操作类型
            {
                    if( pHead->idx == 0x80)
                    {    // 读从站状态命令
                        while ( pHead )
                        {    // 查找每个 EtherCAT 子报文
                            if ( e88A4Len < ETYPE_EC_CMD_LEN( pHead) )
                                break;
                            if ( pHead->cmd == EC_CMD_TYPE_BRD)
                            {
                                USHORT * nSt = ( USHORT * )ENDOF( pHead);
                                m_nReadStatus = * nSt;
                            }
                            e88A4Len -= ETYPE_EC_CMD_LEN( pHead);
                            if ( pHead->next )
                                pHead = NEXT_EcHeader( pHead);
                            else
                                pHead = NULL;
                        }
                    }
            }
        }
    }
    // 从 NPF 驱动程序读下一个数据帧
    nData = m_pNpfdev->CheckRecvFrame( packetData);
    ethFrame = PETHERNET_88A4_MAX_FRAME( packetData);
}
    return TRUE;
}
```

6.5 主站实例程序

以下是一个主站实例程序,PC 作为主站,控制一个微处理器控制的从站和一个 I/O 从站,微处理器控制的从站使用 AVR 处理器,如图 6-5 所示。

主站实例程序的运行包括通信配置初始化和周期性运行两个任务。

1) 配置通信参数,初始化主站类,并启动多媒体定时器。

程序中定义了一个主站类对象 m_pEcMaster,所有的 EtherCAT 通信都使用这个数据对象实现。程序中首先初始化主站类对象 m_pEcMaster,接着启动多媒体定时器,其运行流程如

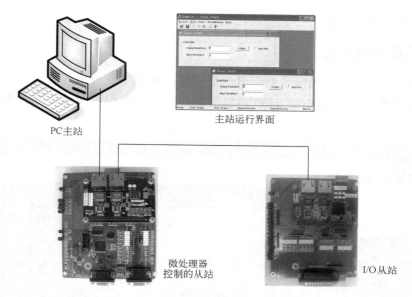

PC主站   主站运行界面

微处理器
控制的从站   I/O从站

图 6-5 主站实例程序硬件配置

图 6-6 所示。图中 OnFileNewproject（）函数用以实现实例程序的初始化，详细内容在 6.5.1 中介绍。OnStart（）函数用以启动多媒体定时器，具体方法参见 Windows 编程相关资料，本书中不做详细介绍。

2）周期性运行，运行流程如图 6-7 所示，任务包括：

- 发送周期性数据帧，对接收数据帧检查；
- 轮询方式执行非周期性通信操作，完成状态机控制；

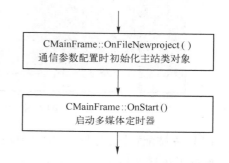

图 6-6 主站实例程序中初始化运行流程

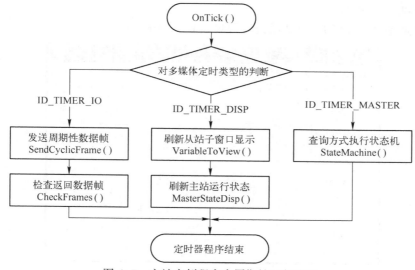

图 6-7 主站实例程序中周期性运行流程

● 周期性刷新界面显示。

6.5.1　通信配置初始化

主站实例程序中使用多视窗界面，用一个子窗口表示一个从站，如图 6-8 所示。程序运行后，单击菜单 Project→New Project 弹出配置窗口，如图 6-9 所示，配置窗口包括对主站和从站的配置区。

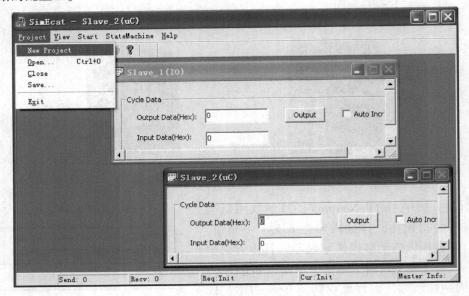

图 6-8　主站实例程序中的运行窗口

（1）主站配置区，图 6-9 中"Master Configuration"部分，配置项包括：
● 网卡选择（Ethernet Adapter）；
● 从站数目（SlaveCnt）；
● 通信周期（CycleTime）；
● 周期性通信使用 FMMU 寻址或设置寻址（Use FMMU）。

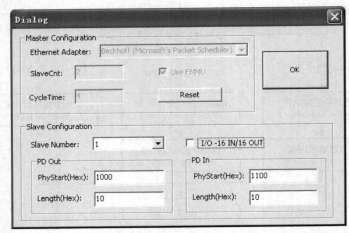

图 6-9　主站实例程序中的配置窗口

（2）从站配置区，图6-9中"Slave Configuration"部分，配置项包括：

- 从站周期性通信所用SM通道的参数，从站邮箱通信SM通道在程序中的默认配置（参见表6.1）；

- 因I/O从站周期性通信SM通道的配置固定且不支持邮箱通信，所以在配置窗口中直接给出正确配置（选择I/O-16IN/16OUT）。

配置完成后，单击"OK"按钮，新建一个主站工程，进入主运行窗口。

实现主站初始化配置的程序代码如下：

```
// ----------------------------------------------------
// OnFileNewproject():新建一个主站工程,配置通信参数
// ----------------------------------------------------
void CMainFrame::OnFileNewproject()
{
    int i;
    if(dlg. DoModal( ) == IDOK)                         // 用 DoModal()函数弹出配置窗口
    {   // 如果在配置窗口上单击"OK"按钮
        // 新建一个主站类数据对象,将其指针赋予 m_pEcMaster
        m_pEcMaster = new CEcSimMaster(dlg. m_nSlvCnt);  // 初始化和启动 m_pEcMaster,见 6.4.2 小节
        // 从配置窗口得到通信周期
        m_pEcMaster->m_nCycTime = dlg. m_nCycleTime;
        // 从配置窗口得到选用网卡的 MAC 地址
        m_pEcMaster->m_macAddr= dlg. macAddr;
        // 从配置窗口确认是否使用 FMMU 机制
        m_pEcMaster->m_bFmmu= dlg. m_bFmmu;
        // 从配置窗口得到从站个数
        m_pEcMaster->m_nEth= dlg. ethNum;
        for (i=0;i<m_pEcMaster->m_nEcSlave;i++)
        {
            if ((dlg. m_ppSmConfig[i])->m_nSlvType == ISASLAVEFRM)
            {   // 如果从站为微处理器控制的从站类型,则重新配置 SM 通道参数
                m_pEcMaster->CreatSlave(i,ISASLAVEFRM,
                dlg. m_ppSmConfig[i]->m_nPhyStart1,
                dlg. m_ppSmConfig[i]->m_nLength1,
                dlg. m_ppSmConfig[i]->m_nPhyStart2,
                dlg. m_ppSmConfig[i]->m_nLength2);   // 配置从站设备对象,见 6.4.3
            }
        }
        // 准备周期性数据帧框架
        if (m_pEcMaster->m_bFmmu == 1)
        {
            // 调用 ImageAssign()函数,配置 FMMU
            m_pEcMaster->ImageAssign();                  // 发送周期性数据帧,见 6.4.3
```

```
                // 使用 FMMU 进行周期性数据帧框架的准备
                m_pEcMaster->PrepareCyclicFrameFmmu();   // 使用 FMMU 方式发送周期性数据帧,
                                                         // 见 6.4.6 的(1)部分
        }
        else
        {   // 使用设置寻址进行周期性数据帧框架的准备
                m_pEcMaster->PrepareCyclicFrame();   // 使用设置寻址方式发送周期性数据帧,见
                                                     // 6.4.6 的(2)部分
        }
        // 启动主站运行,初始化 m_pNpfdev 数据对象,打开网卡通信
        if(!(m_pEcMaster->Open()))            // 初始化和启动 m_pNpfdev 数据对象,见 6.4.2 小节
        {   // 函数执行失败,弹出提示框并返回
                MessageBox("Open Device Error!");
                return;
        }
        POSITION ps = NULL;
        CMultiDocTemplate * m_pDocTemplate;
        CSimEcatDoc * m_pDocument;
        theApp. CloseAllDocuments(0);
        // 按照从站个数新建子窗口
        for (i=0;i<m_pEcMaster->m_nEcSlave;i++)
        {
                SendMessage(WM_COMMAND,ID_FILE_NEW);
        }
        CString str;
        CString sType[2];
        sType[0] = "(IO)";
        sType[1] = "(uC)";
        ps = theApp. GetFirstDocTemplatePosition();
        m_pDocTemplate = (CMultiDocTemplate * )(theApp. GetNextDocTemplate(ps));
        ps = m_pDocTemplate->GetFirstDocPosition();
        // 设置每个从站子窗口标题
        for(int j=0;j<m_pEcMaster->m_nEcSlave;j++)
        {
                m_pDocument = (CSimEcatDoc * )
                                (m_pDocTemplate->GetNextDoc(ps));
                str. Format("Slave_%d",j+1);
                str = str +
                        sType[m_pEcMaster->m_ppEcSlave[j]->m_nSlvType];
                m_pDocument->SetTitle(str);
        }
        m_bTimerStarted = FALSE;
```

```
        }
    }
```

6.5.2 周期性运行控制

实例程序中使用多媒体定时器完成周期性数据通信和轮询非周期性任务,如状态机处理、窗口刷新等。程序中新建了 3 个定时器,使用不同的标识符表示:

1) ID_TIMER_IO:周期性数据通信定时器,优先级最高,周期是前面所配置的通信周期;

2) ID_TIMER_MASTER:非周期性任务查询定时器,优先级较低,周期为 50 ms;

3) ID_TIMER_DISP:刷新窗口显示定时器,优先级最低,周期为 100 ms。

多媒体定时器完成周期性运行控制的程序源代码如下:

```
void CMainFrame::OnTick(UINT nId, CTimer * pTimer)
{
    int i = 0;
    int state = 0;
    long sent = 0;
    long recvd = 0;
    switch( nId )
    {
    case ID_TIMER_MASTER:                                    // 非周期性数据通信控制
        if( m_pEcMaster )
        {
            m_pEcMaster->StateMachine( );                    // 执行状态机函数,见 6.4.4 小节
        }
        break;
    case ID_TIMER_IO:  // 周期性数据通信控制
        if ( m_pEcMaster->m_nStatus >= 40)
        {
            if ( m_pEcMaster->m_bFmmu == 1)
            {  // 使用 FMMU 发送周期性数据通信
                m_pEcMaster->SendCyclicFrameFmmu( );         // 见 6.4.6 小节的(1)部分
            }
            else
            {  // 使用设置寻址发送周期性数据通信
                m_pEcMaster->SendCyclicFrame( );             // 见 6.4.6 小节的(2)部分
            }
        }
        m_pEcMaster->CheckFrames( );                         // 检查返回的数据帧,见 6.4.7 小节
        break;
    case ID_TIMER_DISP:
```

```
        VariableToView();    // 刷新从站子窗口数据,源代码略
        MasterStateDisp();    // 刷新主站运行状态,源代码略
        break;
    }
}
```

第7章　从站驱动程序设计

本章介绍基于第 4 章中 Atmega128 单片机控制的 EtherCAT 从站驱动程序，使用标准 C 语言开发，可以方便地移植到其他嵌入式控制平台中。

7.1　从站驱动程序头文件 ec_def. h

从站驱动程序头文件主要定义了重要的常量、数据结构及全局变量，其中一些常量和数据结构将在后续章节中进一步介绍。

```
// =========================================================
// 创建:          2008/01/15
// 文件名:        EC_DEF
// 文件类型:      C
// 目的:          ESC 基本定义
// =========================================================
// ---------基本数据类型定义-------
#define UINT8      unsigned char
#define UINT16     unsigned int
#define UINT32     unsigned long
#define INT8       char
#define INT16      int
#define INT32      long
#define UCHAR      unsigned char
#define BOOL       unsigned char
#define TRUE       1
#define FALSE      0
// ESC 基地址定义
#define ESC_REG_ENTRY 0x2000
// -------------------------------------------------------
// 常量定义
// -------------------------------------------------------
// 协议相关变量定义,主要为 ProcessData 与 Mailbox
#define MAX_RX_PDOS                 0x0001
#define MAX_TX_PDOS                 0x0001
#define MIN_PD_WRITE_ADDRESS        0x1000
#define MAX_PD_WRITE_ADDRESS        0x2000
#define MIN_PD_READ_ADDRESS         0x1000
#define MAX_PD_READ_ADDRESS         0x2000
```

```c
#define NO_OF_PD_INPUT_BUFFER          0x0003
#define NO_OF_PD_OUTPUT_BUFFER         0x0003

#define MAX_PD_INPUT_SIZE              0x0040
#define MAX_PD_OUTPUT_SIZE             0x0040
#define MAX_MB_INPUT_SIZE              0x0040
#define MAX_MB_OUTPUT_SIZE             0x0040
#define MIN_MBX_SIZE                   0x0020
#define MAX_MBX_SIZE                   0x0400
#define MIN_MBX_WRITE_ADDRESS          0x1000
#define MIN_MBX_READ_ADDRESS           0x1000
#define MAX_MBX_WRITE_ADDRESS          0x2000
#define MAX_MBX_READ_ADDRESS           0x2000

// 状态机相关定义
#define STATE_INIT      ((UINT8)0x01)
#define STATE_PREOP     ((UINT8)0x02)
#define STATE_BOOT      ((UINT8)0x03)
#define STATE_SAFEOP    ((UINT8)0x04)
#define STATE_OP        ((UINT8)0x08)

#define STATE_MASK      ((UINT8)0x0F)
#define STATE_CHANGE    ((UINT8)0x10)
#define STATE_ERRACK    ((UINT8)0x10)
#define STATE_ERROR     ((UINT8)0x10)

#define INIT_2_INIT     ((STATE_INIT << 4) | STATE_INIT)
#define INIT_2_PREOP    ((STATE_INIT << 4) | STATE_PREOP)
#define INIT_2_SAFEOP   ((STATE_INIT << 4) | STATE_SAFEOP)
#define INIT_2_OP       ((STATE_INIT << 4) | STATE_OP)

#define PREOP_2_INIT    ((STATE_PREOP << 4) | STATE_INIT)
#define PREOP_2_PREOP   ((STATE_PREOP << 4) | STATE_PREOP)
#define PREOP_2_SAFEOP  ((STATE_PREOP << 4) | STATE_SAFEOP)
#define PREOP_2_OP      ((STATE_PREOP << 4) | STATE_OP)

#define SAFEOP_2_INIT   ((STATE_SAFEOP << 4) | STATE_INIT)
#define SAFEOP_2_PREOP  ((STATE_SAFEOP << 4) | STATE_PREOP)
#define SAFEOP_2_SAFEOP ((STATE_SAFEOP << 4) | STATE_SAFEOP)
#define SAFEOP_2_OP     ((STATE_SAFEOP << 4) | STATE_OP)
```

```c
#define OP_2_INIT                    ((STATE_OP << 4) | STATE_INIT)
#define OP_2_PREOP                   ((STATE_OP << 4) | STATE_PREOP)
#define OP_2_SAFEOP                  ((STATE_OP << 4) | STATE_SAFEOP)
#define OP_2_OP                      ((STATE_OP << 4) | STATE_OP)


// SM 通道定义
#define MAILBOX_WRITE                0
#define MAILBOX_READ                 1
#define PROCESS_DATA_OUT             2
#define PROCESS_DATA_IN              3


// 相关中断定义(对寄存器 0x220:0x221 位的判断)
#define AL_CONTROL_EVENT             ((UINT16)0x0001)
#define SYNC0_EVENT                  ((UINT16)0x0400)
#define SYNC1_EVENT                  ((UINT16)0x0800)
#define SM_CHANGE_EVENT              ((UINT16)0x0010)


#define MAILBOX_WRITE_EVENT          ((UINT16)0x0100)
#define MAILBOX_READ_EVENT           ((UINT16)0x0200)
#define PROCESS_OUTPUT_EVENT         ((UINT16)0x0400)
#define PROCESS_INPUT_EVENT          ((UINT16)0x0800)


// 将 AL 状态码写入寄存器 0x134:0x135
#define ALSTATUSCODE_NOERROR                    0x0000
#define ALSTATUSCODE_UNSPECIFIEDERROR           0x0001
#define ALSTATUSCODE_INVALIDALCONTROL           0x0011
#define ALSTATUSCODE_UNKNOWNALCONTROL           0x0012
#define ALSTATUSCODE_BOOTNOTSUPP                0x0013
#define ALSTATUSCODE_NOVALIDFIRMWARE            0x0014
#define ALSTATUSCODE_INVALIDMBXCFGINBOOT        0x0015
#define ALSTATUSCODE_INVALIDMBXCFGINPRE         0x0016
#define ALSTATUSCODE_INVALIDSMCFG               0x0017
#define ALSTATUSCODE_NOVALIDINPUTS              0x0018
#define ALSTATUSCODE_NOVALIDOUTPUTS             0x0019
#define ALSTATUSCODE_SYNCERROR                  0x001A
#define ALSTATUSCODE_SMWATCHDOG                 0x001B
#define ALSTATUSCODE_SYNCTYPESNOTCOMPATIBLE     0x001C
#define ALSTATUSCODE_INVALIDSMOUTCFG            0x001D
#define ALSTATUSCODE_INVALIDSMINCFG             0x001E

#define ALSTATUSCODE_WAITFORCOLDSTART           0x0020
#define ALSTATUSCODE_WAITFORINIT                0x0021
```

```
#define ALSTATUSCODE_WAITFORPREOP               0x0022
#define ALSTATUSCODE_WAITFORSAFEOP              0x0023
#define ALSTATUSCODE_DCINVALIDSYNCCFG           0x0030
#define NOERROR_NOSTATECHANGE                   0xFE
#define NOERROR_INWORK                          0xFF


// 配置时出错标志代码
#define SYNCMANCHADDRESS                        0x01
#define SYNCMANCHSETTINGS                       0x03
#define SYNCMANCHSIZE                           0x02


// SM 通道寄存器位定义
#define SM_PDINITMASK                           0x0D
#define SM_TOGGLEMASTER                         0x02
#define SM_ECATENABLE                           0x01
#define SM_INITMASK                             0x0F
#define ONE_BUFFER                              0x02
#define THREE_BUFFER                            0x00
#define PD_OUT_BUFFER_TYPE                      THREE_BUFFER
#define PD_IN_BUFFER_TYPE                       THREE_BUFFER
#define SM_WRITESETTINGS                        0x04
#define SM_READSETTINGS                         0x00
#define SM_PDIDISABLE                           0x01
#define WATCHDOG_TRIGGER                        0x40


// ------------------------------------------------------------
// ESC 寄存器结构体定义
// ------------------------------------------------------------
// AL 中断事件寄存器 0x220:0x223 定义
typedef struct
{
    UINT8 Byte[4];
} UALEVENT;

// AL 中断屏蔽寄存器 0x204:0x207 定义
typedef struct
{
    UINT16 Word[2];
} UALEVENTMASK;

// SM 通道结构体定义
typedef struct
```

```
{
    UINT16   sm_physical_addr;        // SM 通道物理起始地址
    UINT16   sm_length;               // SM 通道长度
    UINT8    sm_register_control;
    UINT8    sm_register_status;
    UINT8    sm_register_activate;
    UINT8    sm_register_pdictl;
}TSYNCMAN;

// EEPROM 操作结构体定义
typedef struct
{
    UINT8    eeprom_config;
    UINT8    eeprom_pdi_acstate;
    UINT16   eeprom_ctl_status;
    UINT32   eeprom_addr;
    UINT32   eeprom_data[2];
}TEEPROM_DEF;

// MII 操作结构体定义
typedef struct
{
    UINT16   mii_ctl_status;
    UINT8    mii_phy_addr;
    UINT8    mii_phy_registeraddr;
    UINT16   mii_phy_data;
}TMII;

// FMMU 结构体定义
typedef struct
{
    UINT32   logical_start_addr;
    UINT16   length;
    UINT8    logical_start_bit;
    UINT8    logical_stop_bit;
    UINT16   physical_start_adr;
    UINT8    physical_start_bit;
    UINT8    type;
    UINT8    activate;
    UINT8    res[3];
}TFMMU;

// 分步时钟结构体定义
typedef struct
```

```
{
    UINT32   receive_port[4];
    UINT32   sys_time[2];
    UINT8    receive_time_pu[8];
    UINT32   sys_time_offset[2];
    UINT32   sys_time_delay;
    UINT32   sys_time_diff;
    UINT16   speed_cnt_start;
    UINT16   speed_cnt_diff;
    UINT8    sys_filter_depth;
    UINT16   res27[37];
    UINT8    cyclic_unit_ctl;
    UINT8    activation;
    UINT16   pulse_length;
    UINT16   res28[5];
    UINT8    sync0_status;
    UINT8    sync1_status;
    UINT32   start_time_cyclic[2];
    UINT32   next_sync1_pulse[2];
    UINT32   sync0_cyclic_time;
    UINT32   sync1_cyclic_time;
    UINT8    latch0_ctl;
    UINT8    latch1_ctl;
    UINT16   res29[2];
    UINT8    latch0_status;
    UINT8    latch1_status;
    UINT32   latch0_time_pedge[2];
    UINT32   latch0_time_nedge[2];
    UINT32   latch1_time_pedge[2];
    UINT32   latch1_time_nedge[2];
    UINT16   res30[16];
    UINT32   ecat_bchangee_time;
    UINT16   res31[17];
    UINT32   pdi_bstarte_time;
    UINT32   pdi_bchangee_time;
}TDC;
```

驱动程序定义了一个与 ESC 寄存器分布相对应的结构体数据类型 TESC_REG, 结构体中的变量与寄存器一一对应。以下列出该结构体中的主要变量:

```
// ESC 寄存器整体结构体定义
typedef struct
{
```

```c
UINT8        type;                        // 0x0000
UINT8        revision;                    // 0x0001
UINT16       build;                       // 0x0002
UINT8        fmmus_supported;             // 0x0004
UINT8        sm_supported;                // 0x0005
UINT8        ram_size;                    // 0x0006
UINT8        port_descriptor;             // 0x0007
UINT16       esc_feature;                 // 0x0008
UINT16       res1[3];
UINT16       station_addr;                // 0x0010
UINT16       alias_addr;                  // 0x0012
UINT16       res2[6];
UINT8        write_enable;                // 0x0020
UINT8        write_protection;            // 0x0021
UINT16       res3[7];
UINT8        esc_wrenable;                // 0x0030
UINT8        esc_wrprotection;            // 0x0031
UINT16       res4[7];
UINT8        esc_reset;                   // 0x0040
UINT8        res5[191];
UINT32       esc_dlctl;                   // 0x0100
UINT16       res6[2];
UINT16       physical_rdwr_offset;        // 0x0108
UINT16       res7[3];
UINT16       esc_dlstatus;                // 0x0110
UINT16       res8[7];
UINT16       al_ctl;                      // 0x0120
UINT16       res9[7];
UINT16       al_status;                   // 0x0130
UINT16       res10;
UINT16       al_statuscode;               // 0x0134
UINT16       res11[5];
UINT16       pdi_ctl;                     // 0x0140
UINT16       res12[7];
UINT32       pdi_config;                  // 0x0150
UINT16       res13[86];
UINT16       ecat_interrupt_mask;         // 0x0200
UINT16       res14;
UALEVENTMASK al_event_mask;               // 0x0204
UINT16       res15[4];
UINT16       ecat_interrupt_request;      // 0x0210
UINT16       res16[7];
```

```c
    UALEVENT    AlEvent;                        // 0x0220
    UINT16   res17[110];
    UINT16   rx_error_counter[4];               // 0x0300
    UINT8    rx_error_cntforwarded[4];          // 0x0308
    UINT8    ecat_pu_errorcnt;                  // 0x030c
    UINT8    pdi_error_cnt;                     // 0x030d
    UINT16   res18;
    UINT8    lost_link_cnt[4];                  // 0x0310
    UINT16   res19[118];
    UINT16   watchdog_divider;                  // 0x0400
    UINT16   res20[7];
    UINT16   watchdog_time_pdi;                 // 0x0410
    UINT16   res21[7];
    UINT16   watchdog_time_pd;                  // 0x0420
    UINT16   res22[15];
    UINT16   watchdog_status_pd;                // 0x0440
    UINT8    watchdog_cnt_pd;                   // 0x0442
    UINT8    watchdog_cnt_pdi;                  // 0x0443
    UINT16   res23[94];
    TEEPROM_DEF   eeprom_interface;             // 0x0500
    TMII     mii_man;                           // 0x0510
    UINT16   res24[117];
    TFMMU    fmmu_register[16];                 // 0x0600
    UINT16   res25[128];
    TSYNCMAN   sm_register[8];                  // 0x0800
    UINT16   res26[64];
    TDC      dc_register;                       // 0x0900
    UINT16   res32[512];
    UINT8    esc_specific_register;             // 0x0e00
    UINT32   digital_io_outpd;                  // 0x0f00
    UINT16   res33[6];
    UINT16   general_purp_outputs;              // 0x0f10
    UINT16   res34[3];
    UINT16   general_purp_inputs;               // 0x0f18
    UINT16   res35[51];
    UINT8    user_ram[128];                     // 0x0f80
}TESC_REG;


// -----------------------------------------------------------
// 全局变量定义
// -----------------------------------------------------------
// ESC 操作指针定义
```

```
TESC_REG MEMTYPE *pEsc;                          // ESC 寄存器入口指针
// ESC 寄存器缓存变量
UALEVENT EscAlEvent;
// 保存 AL Status 的值
UINT8 nAlStatus;
// 当状态变换出现错误时,保存最后的状态,如果对状态机重新初始化,保存该变量
UINT8 nAlStatusFailed;
// AL StatusCode 的值,该值被写入 AL StatusCode 寄存器(0x134)
UINT16 nAlStatusCode;
// 保存 AL Control 的值
UINT8 nAlControl;
// 保存 SM2 通道的输入长度,由应用层设定
UINT16 nPdInputSize;
// 保存 SM3 通道的输出长度,由应用层设定
UINT16 nPdOutputSize;
// 保存 SM2 通道的地址
UINT16 nEscAddrOutputData;
// 保存 SM3 通道的地址
UINT16 nEscAddrInputData;
// SM2 通道输出数据指针
UINT8 MEMTYPE *pPdOutputData;
// SM3 通道输入数据指针
UINT8   MEMTYPE *pPdInputData;


UINT16 u16SendMbxSize;               // 非周期性发送 SM 通道数据长度
UINT16 u16ReceiveMbxSize;            // 非周期性接收 SM 通道数据长度
UINT16 u16EscAddrReceiveMbx;         // 非周期性接收 SM 通道地址
UINT16 u16EscAddrSendMbx;            // 非周期性发送 SM 通道地址
UINT8   MEMTYPE *pMbxWriteData;      // SM0 通道输出数据指针
UINT8   MEMTYPE *pMbxReadData;       // SM1 通道输入数据指针


// 程序运行状态
UINT8  m_maxsyncman;                 // ESC 支持的最大 SM 通道数目
BOOL   m_mbxrunning;                 // 标志非周期性通信是否运行
BOOL   m_pdooutrun;                  // 标志周期性输出是否运行
BOOL   m_pdoinrun;                   // 标志周期性输入是否运行


// ESC 中断使能标志(SM2/3 或 SYNC0/1 事件中断)
// 在 StartInputHandler 中设置,在 StopInputHandler 复位
BOOL bEscIntEnabled;


// 标志输入和输出是否运行在 3 个缓存区模式
```

```
    BOOL b3BufferMode;

    // 标志看门狗是否触发
    BOOL bWdTrigger;

    // 标志在"OP"状态,在 StartInputHandler 中设置,在 StopInputHandler 复位
    BOOL bEcatOutputUpdateRunning;

    // 通信数据的存储
    UINT8    aPdOutputData[MAX_PD_OUTPUT_SIZE];      // 周期性输出数据
    UINT8    aPdInputData[MAX_PD_INPUT_SIZE];        // 周期性输入数据
    UINT8    aMbOutputData[MAX_MB_OUTPUT_SIZE];      // 非周期性输出数据
    UINT8    aMbInputData[MAX_MB_INPUT_SIZE];        // 非周期性输入数据
    UINT32   mb_counter, pd_counter;                 // 通信计数
```

7.2 从站基本操作

(1) ESC 控制寄存器的访问

在程序当中定义一个 TESC_REG 类型指针,使其指向 ESC 的地址,则可以用这个指针来操作 ESC 控制寄存器。

```
TESC_REG MEMTYPE * pEsc;          // ESC 寄存器入口指针
                                  // MEMTYPE 为平台相关宏定义
pEsc = (TESC_REG MEMTYPE * ) ESC_REG_ENTRY;
                                  // ESC_REG_ENTRY 为地址宏定义
```

例如,读状态机控制寄存器 al_ctl 到变量 alcontrol:

```
UINT16alcontrol;                  // 变量定义
alcontrol = pEsc->al_ctl;         // 用 pEsc 读取应用层状态控制值
```

(2) 设置应用层状态

```
// -------------------------------------------------------
// SetAlStatus():设置从站 AL 状态寄存器
// alstatus:0x130~0x131
// alstatuscode:0x134~0x135
// -------------------------------------------------------
void SetAlStatus(UINT16 alstatus, UINT16 alstatuscode)
{
    pEsc->al_status = alstatus;                      // 为 AL 状态寄存器赋值
    if( alstatuscode != 0xFF)
        pEsc->al_statuscode = alstatuscode;          // 为 AL 状态代码寄存器赋值
}
```

（3）设置事件中断屏蔽寄存器

```
// ----------------------------------------------------------------
// set_intmask( ):设置从站中断屏蔽寄存器 0x204~0x205
// intMask:中断屏蔽码
// ----------------------------------------------------------------
void set_intmask( UINT16 intMask)
{
    UINT16 mask;
    mask =pEsc->al_event_mask. Word[0];
    mask = mask │ intMask;
    pEsc->al_event_mask. Word[0] = mask;
}


// ----------------------------------------------------------------
// reset_intmask( ):复位从站中断屏蔽寄存器 0x204~0x205
// intMask:中断屏蔽码
// ----------------------------------------------------------------
void reset_intmask( UINT16 intMask)
{
    UINT16 mask;
    mask =pEsc->al_event_mask. Word[0];
    mask = mask & intMask;
    pEsc->al_event_mask. Word[0] = mask;
}
```

（4）SM 通道操作

```
// ----------------------------------------------------------------
// enable_syncmanchannel( ):使能 SM 通道运行
// channel:通道号
// 清除 SM_PDI_CTL 寄存器 Bit0 以使能 SM 通道
// ----------------------------------------------------------------
void enable_syncmanchannel( UINT8 channel)   // 使能 SM 通道
{
    pEsc->sm_register[ channel]. sm_register_pdictl &=
        ~((UINT8)SM_PDIDISABLE);
}


// ----------------------------------------------------------------
// disable_syncmanchannel( ):禁止 SM 通道运行
// channel:通道号
// 清除 SM_PDI_CTL 寄存器 Bit0 以使能 SM 通道
// ----------------------------------------------------------------
// 禁用 SM 通道
```

```
// channel:通道号
void disable_syncmanchannel(UINT8 channel)
{
    pEsc->sm_register[channel].sm_register_pdictl |=
        ((UINT8)SM_PDIDISABLE);
}


// ----------------------------------------------------------
// get_sm():获取 SM 通道寄存器
// channel:通道号
// 返回 SM 通道指针
// ----------------------------------------------------------
TSYNCMAN * get_sm(UINT8 channel)
{
    return &(pEsc->sm_register[channel]);
}
```

7.3 从站驱动程序总体结构

EtherCAT 从站以 EtherCAT 从站控制器（ESC）芯片为核心，ESC 实现 EtherCAT 数据链路层协议，完成数据的接/发以及错误处理。从站使用微处理器操作 ESC 芯片，实现应用层协议，包括以下任务：

1) 微处理器初始化、通信变量和 ESC 寄存器初始化；

2) 处理通信状态机，完成通信初始化：查询主站的状态控制寄存器，读取相关配置寄存器，启动或终止从站相关通信服务；

3) 处理周期性数据，实现过程数据通信：从站以轮询模式（自由运行模式）或同步模式（中断模式）处理周期性数据和应用层任务。

图 7-1 为支持轮询模式的从站驱动程序流程。周期性数据在函数 free_run() 中处理，而同步模式时，周期性数据在中断服务程序中处理。其详细周期性数据处理流程见 7.4 节。

ESC 通信寄存器由主站配置，从站程序只需要从中读取有效数据即可，从站操作相关基本寄存器如表 7-1 所示。

表 7-1 从站操作相关基本寄存器

编号	地址（长度/B）	名　　称	读/写	操　　作
1	0x120（2）	应用层状态控制	读	读取主站发出的状态改变指令
2	0x130（6）	应用层状态及状态码	写	返回从站的实际状态及状态码
3	0x204（4）	应用事件中断屏蔽	写	设置事件触发中断信号
4	0x220（4）	应用事件请求	读	运行中轮询发生的非周期性事件
5	0x800（32）	SM 通道配置数据	读	读取 SM 通道内存的起始地址和长度
6	0x098E	SYNC0 信号状态	读	读取 SYNO 信号状态寄存器以响应 SYNC0 中断

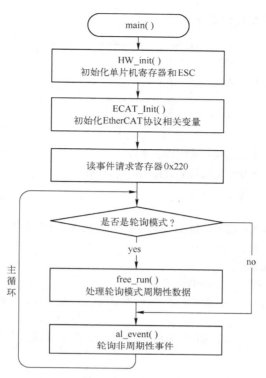

图 7-1　轮询模式从站驱动程序流程图

应用层事件请求寄存器 0x0220:0x0223 和应用层事件屏蔽寄存器 0x0204:0x0207 的定义按位进行, 应用层事件请求寄存器定义如表 7-2 所示。使用函数 set_intmask() 写应用层事件屏蔽寄存器, 设置相应事件以触发中断信号。在中断程序中读取应用层事件请求寄存器, 判断事件类型, 并做相应处理。

表 7-2　应用层事件请求寄存器定义

bit	描　述	复 位 方 式
0	状态控制寄存器发生改变事件。 0: 状态控制寄存器没有发生改变; 1: 写状态控制寄存器操作	读状态控制寄存器 0x0120
1	锁存事件。 0: 锁存输入没有变化; 1: 锁存输入至少变化一次	读锁存事件时间寄存器 0x9B0:0x9CF
2	SYNC0 引脚状态映射, 当 R0x151.3 = 1 时有效	读 SYNC0 信号状态寄存器 0x098E
3	SYNC1 引脚状态映射, 当 R0x151.7 = 1 时有效	读 SYNC1 信号状态寄存器 0x098F
4	SM 通道激活状态寄存器发生改变。 0: 没有任何变化; 1: 至少一个 SM 通道激活状态改变	读取 SM 通道激活状态寄存器 0x980+i×6
5~7	保留	
8~23	SM_n 通道状态映射, n = 0~15。 0: 没有 SM 通道 n 事件; 1: 有 SM 通道 n 事件	读取 SM 通道所管理的存储器空间, 地址在 SM 通道配置寄存器中

从站驱动程序主函数源代码如下：

```
// ------------------------------------------------------------
// main( ):程序主函数
// 执行初始化过程并进入主循环
// ------------------------------------------------------------
void main( void)
{
    HW_init( );          // 初始化微处理器寄存器
    ECAT_init( );        // 初始化通信变量和 ESC 寄存器
    while（1）            // 主循环
    {
        // 读应用层事件请求寄存器,EscAlEvent 为全局变量,在头文件中定义
        EscAlEvent = pEsc->AlEvent;
        if( !bEscIntEnabled)
        {  // 未使能中断,处于轮询模式
            free_run( );     // 轮询模式,轮询周期性数据,见 7.4.2 小节
        }
        al_event( );         // 应用层事件处理,包括状态机、非周期性通信等,见 7.5 节
    }
}
```

HW_init( ) 函数用以初始化微处理器 Atmega128，并使能外部中断信号引脚 1 响应，其程序的源代码如下：

```
// ------------------------------------------------------------
// HW_init( ):初始化通信变量和 ESC 寄存器
// ------------------------------------------------------------
void HW_init( )
{
    MCUCR = 0xC0;       // 使能外部存储空间的访问
    EICRA = 0xFF;       // 配置中断信号为上升沿触发
    EICRB = 0xff;       // 配置中断信号为上升沿触发
    EIMSK = 0x20;       // 使能外部中断信号引脚 1 响应
}
```

ECAT_init( ) 函数用以初始化通信控制变量和 ESC 寄存器，其程序的源代码如下：

```
// ------------------------------------------------------------
// ECAT_init( ):初始化通信变量和 ESC 寄存器
// ------------------------------------------------------------
void ECAT_init( )
{
    // 给指向 ESC 的指针变量赋值
    pEsc = （TESC_REG MEMTYPE *）  ESC_REG_ENTRY;
    // 清除事件屏蔽寄存器 0x204~0x205
```

```
pEsc->al_event_mask. Word[0] = 0;
// 清除事件请求寄存器 0x206~0x207
pEsc->al_event_mask. Word[1] = 0;
m_maxsyncman = 0;
// 读取 ESC 所支持的 SM 通道数目
m_maxsyncman = pEsc->sm_supported;
nAlStatus = STATE_INIT;
// 设置当前状态为"初始化状态"
SetAlStatus(nAlStatus, 0);
// 初始化通信变量
nPdInputSize = 0;
nPdOutputSize = 0;
bEcatLocalError = 0;
bEscIntEnabled = FALSE;
}
```

7.4　从站周期性数据处理

从站设备可以运行在自由运行模式（轮询模式）和同步运行模式，自由运行模式使用轮询方式处理周期性数据。同步运行模式则在中断服务进程中处理周期性过程数据。程序中使用全局变量 bEscIntEnabled 控制运行模式，bEscIntEnabled 等于 0 时，使用自由运行模式；bEscIntEnabled 等于 1 时，使用同步模式。在初始化阶段根据主站对 SM 通道的配置来初始化变量 bEscIntEnabled，决定当前的运行模式。

7.4.1　同步运行模式

使用同步运行模式时，在中断服务例程中处理周期性过程数据。由于其他应用事件也可能触发中断，所以需要在中断服务例程中判断中断源，做相应处理。从站使用 Atmega128 的外部中断引脚 1 作为中断输入，并在 HW_init( )函数中初始化。图 7-2 为中断服务例程的流程图，其执行过程如下：

1）读取事件请求寄存器 0x220:0x223 到变量 EscAlEvent；

2）从站程序轮询 SM2 通道事件，如果发生 SM2 通道事件，则从 ESC 的 SM2 通道管理的存储区读取周期性输出数据；

3）如果输出有效，则将输出数据映射到相应的输出变量，并执行硬件输出操作；在 Safe_Op 状态下，虽然有输出数据，但是从站不执行应用输出操作；程序中使用全局变量 bEcatOutputUpdateRunning 表示输出是否有效；

4）读取应用输入操作，将输入数据写入 SM3 通道管理的存储区，等待读取下一个数据帧。

中断服务例程源代码如下：

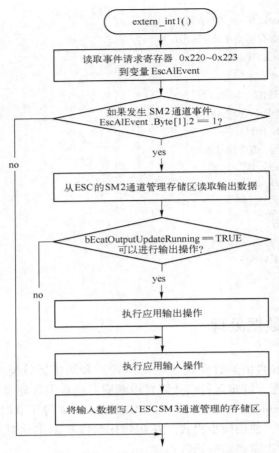

图 7-2　同步运行模式中断服务例程流程图

```
// ------------------------------------------------------------
// exter_int1():中断服务例程,用以处理周期性数据通信
// ------------------------------------------------------------
interrupt [EXT_INT1] void exter_int1(void)
{
    // 读应用层事件请求寄存器
    EscAlEvent = pEsc->AlEvent;
    if((EscAlEvent. Byte[1]) & (PROCESS_OUTPUT_EVENT >> 8))
    { // 有 SM2 通道事件发生
        memcpy(aPdOutputData, pPdOutputData, nPdOutputSize);
        // 从 ESC SM2 通道管理的存储区读取周期性输出数据
        // aPdOutputData:ec_def. h 中定义的数组,用于保存输出数据
        // pPdOutputData:ec_def. h 中定义的指针,用于指向 SM2 通道管理的内存区
        // nPdOutputSize:ec_def. h 中定义的变量,表示 SM2 通道所管理内存区的容量
        if(bEcatOutputUpdateRunning == TRUE)   // 定义见 7.1 小节
            memcpy(aPdInputData, aPdOutputData, min(nPdOutputSize,
                nPdInputSize));
```

200

```
    // 如果输出有效,则执行输出操作,本例中直接将输出数据映射到输入数据
    // aPdInputData:ec_def. h 中定义的数组,用于保存输入数据
    // nPdInputSize:ec_def. h 中定义的变量,表示 SM3 通道所管理内存区的容量
    memcpy( pPdInputData, aPdInputData, nPdInputSize);
    // 执行输入操作,将输入数据写入 SM3 通道管理的存储区
    }
}
```

7.4.2 自由运行模式

自由运行模式下,从站程序不使用中断,而是在主函数中轮询输出事件,并执行相关操作,其详细流程如图 7-3 所示。

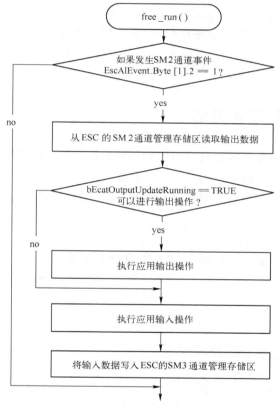

图 7-3 自由运行模式流程图

自由运行模式例程源代码如下:

```
// ------------------------------------------------------------
// free_run():自由运行模式,轮询周期性输出数据
// ------------------------------------------------------------
void free_run()
{
    if((EscAlEvent. Byte[1])& (PROCESS_OUTPUT_EVENT >> 8))
```

```
    { // 有 SM2 通道事件发生
    memcpy( aPdOutputData, pPdOutputData, nPdOutputSize);
    // 从 ESC SM2 管理的存储区读取周期性输出数据
    // aPdOutputData:ec_def. h 中定义的数组,用于保存输出数据
    // pPdOutputData:ec_def. h 中定义的指针,用于指向 SM2 通道管理的内存区
    // nPdOutputSize:ec_def. h 中定义的变量,表示 SM2 通道所管理内存区的容量
    if( bEcatOutputUpdateRunning = = TRUE)   // 定义见 7.1 小节
        memcpy( aPdInputData, aPdOutputData,
                min( nPdOutputSize, nPdInputSize));
    // 如果输出有效,则执行输出操作,本例中直接将输出数据映射到输入数据
    // aPdInputData:ec_def. h 中定义的数组,用于保存输入数据
    // nPdInputSize:ec_def. h 中定义的变量,表示 SM3 通道管理内存区容量
    memcpy( pPdInputData, aPdInputData, nPdInputSize);
    // 执行输入操作,将输入数据写入 SM3 通道管理的存储区
    }
}
```

7.5   从站非周期性事件处理

从站非周期性事件主要有状态改变事件和邮箱通信事件。在程序主函数的主循环中读取应用层事件请求寄存器以轮询事件的发生。本程序只给出邮箱通信的接口函数,并未实现具体的应用层协议。在 7.6 节详细介绍状态机处理。程序源代码如下:

```
// -----------------------------------------------------------
// al_event( ):轮询处理应用层事件
// 读 ESC 中断事件请求寄存器,根据其中的有效位做相应处理
// -----------------------------------------------------------
void al_event( void)
{
    UINT16 alcontrol;
    // 读 ESC 中断事件请求寄存器
    EscAlEvent = pEsc->AlEvent;
    // 判断是否有 AL 状态机改变事件发生
    if( EscAlEvent. Byte[0]  & AL_CONTROL_EVENT)
    { // 有,则读 AL 控制寄存器 0x120 以响应事件
        alcontrol = pEsc->al_ctl;
        nAlControl = alcontrol;
        // 调用状态机处理函数
        al_statemachine( alcontrol);   // 见 7.6.1 小节
    }
    // 如果非周期性通信状态在运行
    if( m_mbxrunning)               // 全局变量,定义见 7.1 节
```

```
    {
        // 判断是否有非周期性输出数据(SM2 通道事件)到达
        if((EscAlEvent. Byte[1])& (MAILBOX_WRITE_EVENT >> 8))
        {
            mb_process( );      // 处理邮箱通信的接口函数
        }
    }
}
```

7.6 从站状态机处理

从站在主函数的主循环中轮询状态机改变事件请求位，如果发生变化，则执行状态机处理机制。状态机处理流程如图 7-4 所示。从站程序首先检查当前状态转化所必需的 SM 通道

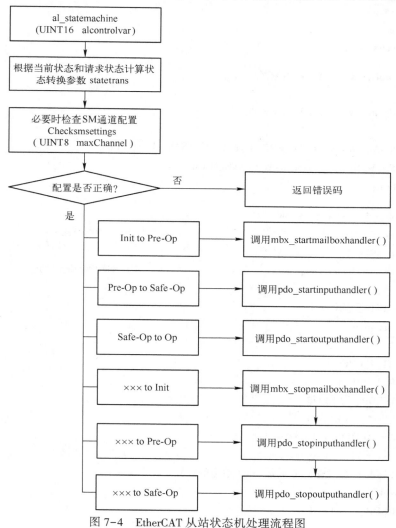

图 7-4 EtherCAT 从站状态机处理流程图

配置是否正确，如果正确，则根据转化要求开始相应的通信数据处理。从站从高级别状态向低级别状态转化时，则停止相应的通信数据处理。

7.6.1 状态机处理流程

用 al_statemachine( ) 函数可实现图 7-4 所示的状态机处理流程，其程序源代码如下：

```
// -----------------------------------------------------
// al_statemachine( ):处理 AL 状态机
// alcontrolvar:当前状态
// -----------------------------------------------------
void al_statemachine( UINT16 alcontrolvar)
{
    UINT8 result = 0;
    UINT8 statetrans;
    UINT8 val;
    UINT8 al;
    al = alcontrolvar;

    if( alcontrolvar & STATE_ERRACK)
    {
        nAlStatus &= ~STATE_ERROR;
    }
    else if( ( nAlStatus & STATE_ERROR)&&( ( ( UINT8)alcontrolvar
    & STATE_MASK) > ( nAlStatus & STATE_MASK)))
        return;

    alcontrolvar &= STATE_MASK;
    statetrans = nAlStatus;                      // 得到当前状态
    statetrans <<= 4;
    statetrans += alcontrolvar;                  // 得到转换状态变量


    // 检查 SM 通道设置
    switch( statetrans)
    {
    case INIT_2_PREOP:
    case OP_2_PREOP:
    case SAFEOP_2_PREOP:
    case PREOP_2_PREOP:
        val = MAILBOX_READ + 1;
        result = checksmsettings( val);          // 见 7.6.2 小节
        // 在此状态检查 SM0 通道/SM1 通道的设置
        break;
    case PREOP_2_SAFEOP:
```

```
case SAFEOP_2_OP：
case OP_2_SAFEOP：
case SAFEOP_2_SAFEOP：
case OP_2_OP：
    result = checksmsettings(m_maxsyncman)；              // 见 7.6.2 小节
    // 在此检查所有的 SM 通道
    break；
}


// 如果 SM 通道设置正确,进行下一步处理
if(result == 0)
{
    switch(statetrans)
    {
    case INIT_2_PREOP：
        result = mbx_startmailboxhandler()；               // 见 7.6.3 小节
        break；
    case PREOP_2_SAFEOP：
        result = pdo_startinputhandler()；                 // 见 7.6.4 小节
        // 设置过程数据中断,使能 SM2 通道和 SM3 通道
        break；
    case SAFEOP_2_OP：
        result = pdo_startoutputhandler()；                // 见 7.6.5 小节
        break；
    case OP_2_INIT：
    case SAFEOP_2_INIT：
    case PREOP_2_INIT：
        mbx_stopmailboxhandler()；                         // 停止邮箱应用程序,见 7.6.6 小节
    case OP_2_PREOP：
    case SAFEOP_2_PREOP：
        result = pdo_stopinputhandler()；                  // 见 7.6.6 小节
        if(result != 0)
            break；
    case OP_2_SAFEOP：
        result = pdo_stopoutputhandler()；                 // 见 7.6.6 小节
        break；

    case INIT_2_INIT：
    case PREOP_2_PREOP：
    case SAFEOP_2_SAFEOP：
    case OP_2_OP：
        result = NOERROR_NOSTATECHANGE；
```

```
            break;

        case INIT_2_SAFEOP:
        case INIT_2_OP:
        case PREOP_2_OP:
            result = ALSTATUSCODE_INVALIDALCONTROL;
            break;
        default:
            //    setalstatus(0x01, 0x00);
            result = ALSTATUSCODE_UNKNOWNALCONTROL;
            break;

        }

    }
    else    // 如果 SM 通道设置不正确,则进行错误处理
    {
        switch(nAlStatus)
        {
        case STATE_OP:
            pdo_stopoutputhandler();                    // 见 7.6.6 小节
            break;
        case STATE_SAFEOP:
            pdo_stopinputhandler();                     // 见 7.6.6 小节

        case STATE_PREOP:
            if(result == ALSTATUSCODE_INVALIDMBXCFGINPRE)
            {
                mbx_stopmailboxhandler();               // 见 7.6.6 小节
                nAlStatus = STATE_INIT;
            }
            else
            {
                nAlStatus = STATE_PREOP;
            }
            break;
        }
    }


    // 设置 alStatus 和 alStatusCode
    if((UINT8)alcontrolvar != (nAlStatus & STATE_MASK))
    {
        if(result != 0)
```

```
                {
                    nAlStatusFailed = nAlStatus;
                    nAlStatus | = STATE_CHANGE;          // 没有成功则状态机状态不变
                }
                else
                {
                    if( nAlStatusCode ! = 0)
                    {
                        result = nAlStatusCode;
                        nAlStatusFailed = alcontrolvar;
                        alcontrolvar | = STATE_CHANGE;
                    }
                    else if( alcontrolvar < = nAlStatusFailed)
                    {
                        result = 0xFF;
                    }
                    else
                        nAlStatusFailed = 0;
                    nAlStatus = alcontrolvar;            // 为 Al status 寄存器赋值
                }
                SetAlStatus( nAlStatus, result);         // 见 7.2 小节
                nAlStatusCode = 0;
        }
        else
        {
            SetAlStatus( nAlStatus, 0xFF);               // 见 7.2 小节
        }
}
```

7.6.2　检查 SM 通道设置

在进入"Pre-Op"状态之前时，需要读取并检查邮箱通信相关 SM 通道（0 和 1），进入"Safe-Op"之前需要检查周期性过程数据通信使用的 SM2 通道和 SM3 通道的设置。需要检查的设置有：

1）SM 通道的大小；
2）SM 通道的内存设置是否重叠，需注意 3 个缓存区时应该预留配置值的 3 倍大小的空间；
3）SM 通道起始地址应该为偶数；
4）SM 通道应该被使能。

检查 SM 通道设置例程的源代码如下。

```
// ----------------------------------------------------------
// checksmsettings( ):检查 SM 通道设置
// maxChannel:最大通道数
// 返回执行结果
```

```
// ---------------------------------------------------------------
UINT8 checksmsettings( UINT8 maxChannel)
{
    UINT8 i;
    UINT8 result = 0;
    UINT8 smFailed = 0;
    TSYNCMAN MEMTYPE * pSyncMan;

    // 检查接收到的邮箱通信相关 SM 通道的参数
    pSyncMan = get_sm(MAILBOX_WRITE);
    if ( ( pSyncMan->sm_register_activate & SM_ECATENABLE)
        != SM_ECATENABLE )
        // SM 通道没有使能
        result = ALSTATUSCODE_INVALIDMBXCFGINPRE;
    else if ( ( pSyncMan->sm_register_control & SM_INITMASK)
        != ( ONE_BUFFER | SM_WRITESETTINGS))
        // SM 通道不可被主站写或不是为一个缓存区的模式
        result = ALSTATUSCODE_INVALIDMBXCFGINPRE;
    else if ( pSyncMan->sm_length < MIN_MBX_SIZE )
        // SM 通道长度过小
        result = ALSTATUSCODE_INVALIDMBXCFGINPRE;
    else if ( pSyncMan->sm_length > MAX_MBX_SIZE )
        // SM 通道长度过大
        result = ALSTATUSCODE_INVALIDMBXCFGINPRE;
    else if ( pSyncMan->sm_physical_addr < MIN_MBX_WRITE_ADDRESS )
        // SM 通道地址过小
        result = ALSTATUSCODE_INVALIDMBXCFGINPRE;
    else if ( pSyncMan->sm_physical_addr > MAX_MBX_WRITE_ADDRESS )
        // SM 通道地址过大
        result = ALSTATUSCODE_INVALIDMBXCFGINPRE;
    else if ( ( pSyncMan->sm_physical_addr & 0x0001)!= 0 )
        // SM 通道起始地址不是偶数
        result = ALSTATUSCODE_INVALIDMBXCFGINPRE;

    // 如果 SM 通道长度为零,则返回执行结果
    if( pSyncMan->sm_length == 0)
        result = ALSTATUSCODE_NOERROR;

    if ( result == 0 )
    {
        // 检查发送到的邮箱通信相关 SM 通道的参数
        pSyncMan = get_sm(MAILBOX_READ);
```

```
            if ( ( pSyncMan->sm_register_activate & SM_ECATENABLE)
                ! = SM_ECATENABLE )
                // SM 通道没有使能
                result = ALSTATUSCODE_INVALIDMBXCFGINPRE;
            else if ( ( pSyncMan->sm_register_control & SM_INITMASK) != 
                ( ONE_BUFFER ┃ SM_READSETTINGS) )
                // SM 通道不可被主站写或不是一个缓存区的模式
                result = ALSTATUSCODE_INVALIDMBXCFGINPRE;
            else if ( pSyncMan->sm_length < MIN_MBX_SIZE )
                // SM 通道长度过小
                result = ALSTATUSCODE_INVALIDMBXCFGINPRE;
            else if ( pSyncMan->sm_length > MAX_MBX_SIZE )
                // SM 通道长度过大
                result = ALSTATUSCODE_INVALIDMBXCFGINPRE;
            else if ( pSyncMan->sm_physical_addr
                < MIN_MBX_READ_ADDRESS )
                // SM 通道地址过小
                result = ALSTATUSCODE_INVALIDMBXCFGINPRE;
            else if ( pSyncMan->sm_physical_addr
                > MAX_MBX_READ_ADDRESS )
                // SM 通道地址过大
                result = ALSTATUSCODE_INVALIDMBXCFGINPRE;
            else if ( ( pSyncMan->sm_physical_addr & 0x0001) ! = 0 )
                // SM 通道起始地址不是偶数
                result = ALSTATUSCODE_INVALIDMBXCFGINPRE;

            // 如果 SM 通道长度为零,则返回
            if( pSyncMan->sm_length = = 0)
                result = ALSTATUSCODE_NOERROR;
            if ( result != 0)
                smFailed = MAILBOX_READ;
        }
    else
        smFailed = MAILBOX_WRITE;


    if ( result = = 0 && maxChannel > PROCESS_DATA_IN )
    {
        b3BufferMode = TRUE;
        // 检查输入(SyncManager 通道)的参数
        pSyncMan = get_sm( PROCESS_DATA_IN);

        if ( ( pSyncMan->sm_register_activate & SM_ECATENABLE)
```

```
                != 0 && pSyncMan->sm_length == 0 )
                // SM3 长度为 0 且 SM3 没有激活
                result = SYNCMANCHSETTINGS+1;
        else if ( ( pSyncMan->sm_register_activate & SM_ECATENABLE)
                == SM_ECATENABLE )
        {
                // SM 通道大小匹配
                if( ( pSyncMan->sm_register_control & SM_PDINITMASK)
                    == SM_READSETTINGS )
                {
                        // SM 通道设置匹配
                        if ( ( ( nAlStatus == STATE_PREOP )
                        &&( pSyncMan->sm_physical_addr >=
                        MIN_PD_READ_ADDRESS )&&( pSyncMan->sm_physical_addr
                        <= MAX_PD_READ_ADDRESS ) )
                            || ( ( nAlStatus != STATE_PREOP )
                        &&( pSyncMan->sm_physical_addr ==
                            nEscAddrInputData ) ) )
                        {
                                // 通道地址匹配
                                if ( ( pSyncMan->sm_register_control &
                                    SM_INITMASK)== ( ONE_BUFFER |
                                    SM_READSETTINGS))
                                    // 输入通道运行在各自缓存区模式,复位标识为 b3BufferMode
                                    b3BufferMode = FALSE;
                        }
                        else
                                // 输入通道地址超出允许范围或者在 Safe-OP 或 OP 状态被改变
                                result = SYNCMANCHADDRESS+1;
                }
                else
                        // 输入通道设置不匹配
                        result = SYNCMANCHSETTINGS+1;
        }
        else if ( pSyncMan->sm_length != 0 || nPdInputSize != 0 )
                // 输入 SM3 通道大小不为零而 SM3 通道没有激活
                result = SYNCMANCHSIZE+1;

        // 如果 SM3 通道大小为零,则返回
        if( pSyncMan->sm_length == 0)
        {
                nPdInputSize = 0x0;
```

```
            nPdOutputSize = 0x0;
            result = ALSTATUSCODE_NOERROR;
        }


    if ( result != 0 )
    {

        result = ALSTATUSCODE_INVALIDSMINCFG;
        smFailed = PROCESS_DATA_IN;

    }

}


if ( result = = 0 &&maxChannel > PROCESS_DATA_OUT )
{

    // 检查输出 SM 通道的参数
    pSyncMan = get_sm( PROCESS_DATA_OUT ) ;
    nPdOutputSize = pSyncMan->sm_length;
    if ( ( pSyncMan->sm_register_activate & SM_ECATENABLE )
    != 0 &&pSyncMan->sm_length = = 0 )
        // SM2 通道大小为 0 而 SM2 通道没有激活
        result = SYNCMANCHSETTINGS+1;
    else if ( ( pSyncMan->sm_register_activate & SM_ECATENABLE )
        = = SM_ECATENABLE )
    {

        // SM 通道激活,输出大小必须大于 0
        if( nPdOutputSize != 0)
        {

            // SM 通道大小匹配
            if ( ( ( pSyncMan->sm_register_control & M_PDINITMASK )
                = = SM_WRITESETTINGS )
            {

                // SM 通道设置匹配
                if( ( ( nAlStatus = = STATE_PREOP )
                    &&( pSyncMan->sm_physical_addr >=
                    MIN_PD_WRITE_ADDRESS )&&
                    ( pSyncMan->sm_physical_addr <=
                    MAX_PD_WRITE_ADDRESS ) )
                    | | ( ( nAlStatus != STATE_PREOP )
                    &&( pSyncMan->sm_physical_addr
                    = =nEscAddrOutputData ) ) )
                {

                    // SM 通道地址匹配
                    {
```

```
                            // 检查看门狗触发器是否使能
                            if ( pSyncMan->sm_register_control
                            & WATCHDOG_TRIGGER )
                                bWdTrigger = TRUE;
                            else
                                bWdTrigger = FALSE;
                            if ( ( pSyncMan->sm_register_control
                            & SM_INITMASK )= = ( ONE_BUFFER
                            | SM_WRITESETTINGS ) )
                            // 输出运行在各自缓存区模式
                            // 复位标识为 b3BufferMode
                                b3BufferMode = FALSE;
                        }
                    }
                else
                    // 输出 SM 通道地址超过允许范围或在 Safe-OP 或 OP 状态被修改
                    result = SYNCMANCHADDRESS+1;

            else
                // 输出 SM 通道设置不匹配
                result = SYNCMANCHSETTINGS+1;
        }
        else
            // 输出 SM 通道大小不匹配
            result = SYNCMANCHSIZE+1;
    }
    else if ( pSyncMan->sm_length != 0 || nPdOutputSize != 0 )
        // 输出 SM 通道大小不为 0 而 SM2 通道没有激活
        result = SYNCMANCHSIZE+1;

    // SM 长度为 0,则返回执行结果
    if( pSyncMan->sm_length == 0 )
        result = ALSTATUSCODE_NOERROR;

    if ( result != 0 )
    {
        result = ALSTATUSCODE_INVALIDSMOUTCFG;
        smFailed = PROCESS_DATA_OUT;
    }
}

if ( result == 0 )
```

```
    {

        // 读剩余 SM 通道的一个控制寄存器的字节(该字节用来使能 SM 通道),以应答 SM 通道变
        // 化的中断
        for (i = maxChannel; i < m_maxsyncman; i++)
        {
            pSyncMan = get_sm(i);
        }
    }


    return result;
}
```

7.6.3　启动邮箱数据通信

在设置从站为"Pre-Op"状态之前,如果邮箱数据通信 SM 通道配置正确,则启动邮箱数据通信处理,其例程源代码如下:

```
// ---------------------------------------------------------------
// mbx_startmailboxhandler():启动非周期性数据通信
// 返回执行结果
// ---------------------------------------------------------------
UINT8 mbx_startmailboxhandler(void)
{
    // 获取邮箱数据通信接收的 SM 通道
    TSYNCMAN MEMTYPE * pSyncMan;
    pSyncMan = get_sm(MAILBOX_WRITE);
    // 保存邮箱数据通信 SM 通道大小
    u16ReceiveMbxSize = pSyncMan->sm_length;
    // 保存 SM 通道地址
    u16EscAddrReceiveMbx = pSyncMan->sm_physical_addr;
    pMbxWriteData = (UINT8 MEMTYPE *)
        (ESC_REG_ENTRY + u16EscAddrReceiveMbx);


    // 获取邮箱数据通信发送的 SM 通道
    pSyncMan = get_sm(MAILBOX_READ);
    // 保存 SM 通道大小
    u16SendMbxSize = pSyncMan->sm_length;
    // 保存 SM 通道地址
    u16EscAddrSendMbx = pSyncMan->sm_physical_addr;
    pMbxReadData = (UINT8 MEMTYPE *)
        (ESC_REG_ENTRY + u16EscAddrSendMbx);


    // 检查 SM 通道是否内存设置重叠
```

```
        if ((u16EscAddrReceiveMbx+u16ReceiveMbxSize)>
            u16EscAddrSendMbx && (u16EscAddrReceiveMbx <
            (u16EscAddrSendMbx+u16SendMbxSize)))
        {
            return ALSTATUSCODE_INVALIDMBXCFGINPRE;  // 返回错误码
        }
        // 使能邮箱数据通信所接收的 SM 通道
        enable_syncmanchannel(MAILBOX_WRITE);
        // 使能邮箱数据通信所发送的 SM 通道
        enable_syncmanchannel(MAILBOX_READ);
        // 表明邮箱数据通信所已经开始运行
        m_mbxrunning = TRUE;

        return 0;
}
```

7.6.4 启动周期性输入数据通信

在进入"Safe-Op"时，如果过程数据 SM 通道设置正确，则使能输入数据 SM3 通道，设置中断屏蔽寄存器，使输出数据 SM2 通道触发中断，如果支持分布时钟，则由 SYNC0 事件触发中断，启动周期性输入数据通信，此时无法使能输出数据 SM2 通道，输出数据无效。其例程的源代码如下。

```
// ----------------------------------------------------------
// pdo_startinputhandler():启动周期性输入数据通信
// 返回执行结果
// ----------------------------------------------------------
UINT8 pdo_startinputhandler(void)
{
    UINT16 nPdInputBuffer = 3;
    UINT16 nPdOutputBuffer = 3;
    TSYNCMAN MEMTYPE * pSyncMan;
    UINT16 intMask = 0;
    UINT8 dcControl;
    UINT32 cycleTime;

    pSyncMan = get_sm(PROCESS_DATA_OUT);
    nEscAddrOutputData = pSyncMan->sm_physical_addr;
    nPdOutputSize = pSyncMan->sm_length;
    pPdOutputData = (UINT8 MEMTYPE *)
        (ESC_REG_ENTRY +pSyncMan->sm_physical_addr);
    if(pSyncMan->sm_register_control & ONE_BUFFER)
        nPdOutputBuffer = 1;
```

```
pSyncMan = get_sm(PROCESS_DATA_IN);
nEscAddrInputData = pSyncMan->sm_physical_addr;
nPdInputSize = pSyncMan->sm_length;
pPdInputData = (UINT8 MEMTYPE *)
    (ESC_REG_ENTRY +pSyncMan->sm_physical_addr);
if(pSyncMan->sm_register_control & ONE_BUFFER)
    nPdInputBuffer = 1;

// 如果 SM 通道大小为 0,则返回执行结果
if(pSyncMan->sm_length == 0)
    return ALSTATUSCODE_NOERROR;

if ( (((nEscAddrInputData+nPdInputSize * nPdInputBuffer)>
    u16EscAddrSendMbx && (nEscAddrInputData <
    (u16EscAddrSendMbx+u16SendMbxSize)))
        ||((nEscAddrInputData+nPdInputSize * nPdInputBuffer)>
    u16EscAddrReceiveMbx && (nEscAddrInputData <
    (u16EscAddrReceiveMbx+u16ReceiveMbxSize)))))
{
    // 输入数据 SM 通道内存区域与邮箱数据通信内存区域重叠
    return ALSTATUSCODE_INVALIDSMINCFG;
}

if ( (((nEscAddrOutputData+nPdOutputSize * nPdOutputBuffer)>
    u16EscAddrSendMbx && (nEscAddrOutputData <
    (u16EscAddrSendMbx+u16SendMbxSize)))
        ||((nEscAddrOutputData+nPdOutputSize * nPdOutputBuffer)>
    u16EscAddrReceiveMbx && (nEscAddrOutputData <
    (u16EscAddrReceiveMbx+u16ReceiveMbxSize)))
        ||((nEscAddrOutputData+nPdOutputSize * nPdOutputBuffer)>
    nEscAddrInputData && (nEscAddrOutputData <
    (nEscAddrInputData+nPdInputSize)))))
{
    // 数据 SM 通道内存区域输出与邮箱数据通信内存区域
    // 或 SM 通道内存区域重叠
    return ALSTATUSCODE_INVALIDSMOUTCFG;
}

dcControl = pEsc->dc_register. activation;
if (dcControl & (DC_SYNC0_ACTIVE | DC_SYNC1_ACTIVE))
{
    // 启用分布时钟,检查 SYNC0/SYNC1 设置
```

```
            if（dcControl != (DC_CYCLIC_ACTIVE | DC_SYNC_ACTIVE)）
                return ALSTATUSCODE_DCINVALIDSYNCCFG;

            // 分布时钟屏蔽码,用于 AL-Event-Mask 寄存器
            intMask = DC_EVENT_MASK;

            // 表明从站运行在分布时钟模式
            bDcSyncActive = TRUE;
            cycleTime = pEsc->dc_register.sync0_cyclic_time;
        }

    if（nPdOutputSize != 0）
    {
        // 激活输出数据 SM2 通道
        intMask |= PROCESS_OUTPUT_EVENT;
    }
    else
    {
        // 激活输入数据 SM3 通道中断事件
        intMask |= PROCESS_INPUT_EVENT;
    }

    if（nPdInputSize > 0）
    {
        // 使能 SM 通道
        enable_syncmanchannel(PROCESS_DATA_IN);
        m_pdoinrun = TRUE;
    }
    if（nPdOutputSize > 0）
    {
        if（!bEcatLocalError）
        // 如没有错误,则使能 SM 通道
        enable_syncmanchannel(PROCESS_DATA_OUT);
        m_pdooutrun = TRUE;
    }
    set_intmask(intMask);
    return 0;
}
```

7.6.5 启动周期性输出数据通信

进入"Op"状态时，使能输出数据 SM2 通道，启动周期性输出数据通信。其例程的源代码如下。

```
// ------------------------------------------------------------
// pdo_startoutputhandler():启动周期性输出数据通信
// 返回执行结果
// ------------------------------------------------------------
UINT8 pdo_startoutputhandler( void)
{
    UINT16 result = 0;

    if ( nPdOutputSize > 0)
    {
        if ( bEcatLocalError && ( result == 0 || NOERROR_INWORK))
        {
            // 如没有错误,则使能 SyncManager2
            enable_syncmanchannel( PROCESS_DATA_OUT);
            bEcatLocalError = FALSE;
        }
        if ( result != 0)
        {
            if ( result != NOERROR_INWORK )
                bEcatLocalError = TRUE;
            return result;
        }
        m_pdooutrun = TRUE;
    }

    // 表明周期性输出数据通信已经运行
    bEcatOutputUpdateRunning = TRUE;
    return 0;
}
```

7.6.6 停止 EtherCAT 数据通信

在 EtherCAT 通信从高状态向低状态回退时,停止相应的数据通信 SM 通道:
1) 从高状态退回 "Safe-Op" 时,停止周期性过程数据输出处理;
2) 从高状态退回 "Pre-Op" 时,停止所有周期性过程数据处理;
3) 从高状态退回 "Init" 时,停止所有应用层数据处理。
停止应用层数据处理的例程源代码如下:

```
// ------------------------------------------------------------
// mbx_stopmailboxhandler():停止非周期性邮箱数据通信
// 返回执行结果
// ------------------------------------------------------------
void mbx_stopmailboxhandler( void)
```

```
{
    // 表明邮箱数据通信已经停止
    m_mbxrunning = FALSE;
    // 禁用邮箱数据通信接收 SM 通道
    disable_syncmanchannel(MAILBOX_WRITE);
    // 禁用邮箱数据通信发送 SM 通道
    disable_syncmanchannel(MAILBOX_READ);
}


// ---------------------------------------------------------
// pdo_stopinputhandler():停止周期性过程通信数据输入处理
// 返回执行结果
// ---------------------------------------------------------
UINT8 pdo_stopinputhandler(void)
{
    // 禁用 SyncManger 通道
    disable_syncmanchannel(PROCESS_DATA_OUT);
    // 复位 AL-Event 屏蔽寄存器
    reset_intmask( ~(SYNC0_EVENT | SYNC1_EVENT
        | PROCESS_INPUT_EVENT | PROCESS_OUTPUT_EVENT));
            bEscIntEnabled = FALSE;
    m_pdoinrun = FALSE;
    // 禁用输入数据 SM 通道
    disable_syncmanchannel(PROCESS_DATA_IN);
    return 0;
}


// ---------------------------------------------------------
// pdo_stopoutputhandler():停止周期性过程通信数据输出处理
// 返回执行结果
// ---------------------------------------------------------
UINT8 pdo_stopoutputhandler(void)
{
    bEcatOutputUpdateRunning = FALSE;
    return 0;
}
```

参 考 文 献

［1］ IEC 61158-1：Industrial communication networks – Fieldbus specifications – Part 1：Overview and guidance for the IEC 61158 and IEC 61784 series ［S］. Geneva. IEC Press，2014.

［2］ IEC 61158-2：Industrial communication networks–Fieldbus specifications Part 2：Physical layer specification and service definition–International Standard，Edition 4 ［S］. Geneva. IEC Press，2014.

［3］ IEC 61158-3-12：Industrial communication networks–Fieldbus specifications–Part 3-12：Data link layer service definition–Type 12 elements ［S］. Geneva. IEC Press，2014.

［4］ IEC 61158-4-12：Industrial communication networks–Fieldbus specifications–Part 4-12：–Data-link protocol specification–Type 12 elements ［S］. Geneva. IEC Press，2014.

［5］ IEC 61158-5-12：Industrial communication networks–Fieldbus specifications–Part 5-12：– Application layer service definition–Type 12 elements ［S］. Geneva. IEC Press，2014.

［6］ IEC 61158-6-12：Industrial communication networks–Fieldbus specifications–Part 6-12：– Application layer protocol specification–Type 12 elements ［S］. Geneva. IEC Press，2014.

［7］ IEC 61784-2：Industrial communication networks – Profiles – Part 2：Additional fieldbus profiles for real-time networks based on ISO/IEC 8802-3. Edition 2 ［S］. Geneva. IEC Press，2014.

［8］ IEC 61800-7-1：Adjustable speed electrical power drive systems–Part 7-1：Generic interface and use of profiles for power drive systems–Interface definition ［S］. Geneva. IEC Press，2014.

［9］ IEC 61800-7-200：Adjustable speed electrical power drives systems–Part 7-200：Generic interface and use of profiles for power drive systems–Profile specifications ［S］. Geneva. IEC Press，2014.

［10］ IEC 61800-7-300：Adjustable speed electrical power drives systems–Part 7-300：Generic interface and use of profiles for power drive systems – Mapping of profiles to network technologies ［S］. Geneva. IEC Press，2014.

［11］ 郇极，尹旭峰. 数字伺服通信协议 SERCOS 驱动程序设计及应用 ［M］. 北京：北京航空航天大学出版社，2005.

［12］ 单春荣，刘艳强，郇极. 工业以太网现场总线 EtherCAT 及驱动程序设计 ［J］. 制造业自动化，2007（11）：79-82.

［13］ 刘艳强，王健，单春荣. 基于 EtherCAT 的多轴运动控制器研究 ［J］. 制造技术与机床，2008（6）：100-103.

［14］ Max Felser. Real-Time Ethernet—Industry Prospective ［J］. Proceeding of the IEEE，2005，93（6）：1118-1129.

［15］ Jean-Dominique Decotignie. Ethernet-Based Real_Time and Industrial Communication ［J］. Proceeding of the IEEE，2005，93（6）：1102-1117.

［16］ 徐皑东，王宏，邢志浩. 工业以太网实时通信技术 ［J］. 信息与控制. 2005，34（1）：60-65.

［17］ 缪学勤. 解读 IE C61158 第四版现场总线标准 ［J］. 仪器仪表标准化与计量，2007（3）：1-4.

［18］ 廖学勤. 试论十种类型现场总线的体系结构 ［J］. 自动化博览，2003（6）：1-6.

［19］ 梅恪，沈璞. 关于总线国际标准 IEC 61158 的研究报告 ［J］. 仪器仪表标准化与计量，2003（2）：30-34.

[20] 杨昌琨. IEC 61784 实时以太网国际标准简介 [J]. 国内外机电一体化技术, 2004, 7 (6): 57-58.

[21] 成继勋, 朱红萍. 工业以太网技术的新进展 [J]. 自动化仪表, 2004, 25 (12): 1-3.

[22] 缪学勤. 论六种实时以太网的通信协议 [J]. 自动化仪表, 2005, 26 (4): 1-6.

[23] 刘文涛. 网络安全开发包详解 [M]. 北京: 电子工业出版社, 2005.

[24] 常发亮, 刘静. 多线程下多媒体定时器在快速数据采集中的应用 [J]. 计算机应用, 2003, 23 (6): 177-178.